Albrecht Schad

Vom Leben unserer Erde

Eine Liebeserklärung
an unseren Heimatplaneten

Verlag Freies Geistesleben

Die Forschungsarbeit des Autors wurde freundlicherweise von der Mahle-Stiftung gefördert. Die Drucklegung des Buches erfolgte mit freundlicher Unterstützung der Waldorf-Stiftung.

2., verbesserte Auflage 2023

978-3-7725-1158-5

Verlag Freies Geistesleben
Landhausstraße 82 · 70190 Stuttgart
www.geistesleben.com

Satz: Thomas Neuerer
Einbandfoto: Schreiseeadler (*Haliaeetus vocifer*) auf dem Rücken eines Flusspferdes. Okavango-Delta, Botswana, 16. Oktober 2018 (Okapia/imageBROKER/Anette Mossbacher)
Abb. S. 2 (Frontispiz): Knotenblättrige Mittagsblume, Namibküste, Namibia, 14. Juni 2014
Druck: GCC Grafisches Centrum Cuno, Calbe
Printed in Germany

Gewidmet meinem verehrten Hochschullehrer
Prof. Dr. Volker Storch

Inhalt

Vorwort

Im Sommer 2021 brannten in Griechenland und der Türkei die Wälder bei fast 50 Grad Celsius. Und auch die Westküste der USA stand, wie bereits ein Jahr zuvor, in apokalyptischem Ausmaß in Flammen. Im selben Jahr brachte das Sturmtief Bernd sintflutartige Niederschläge nach Mittel- und Westeuropa; die Überschwemmungen, beispielsweise an der Ahr und der Erft, hatten ein bisher ungekanntes Ausmaß an Zerstörungen zur Folge.

Nicht weniger viele Extremwetterereignisse und Unwetterkatastrophen konnten wir im Jahr 2022 in vielen Teilen der Welt beobachten: beispielsweise den heißesten Sommer in Europa seit Beginn der Wetteraufzeichnungen (der u.a. Hamburg und London einen Hitzerekord von über 40 Grad Celsius brachte), die Hitzewelle in der Antarktis, das extreme Niedrigwasser etwa am Rhein oder am Po, die dramatischen Überschwemmungen in Pakistan, von der 33 Millionen Menschen betroffen waren …

Eine wesentliche Ursache liegt in dem vom Menschen verursachten Klimawandel. Auch das andere beherrschende Thema der letzten Jahre, die Corona-Pandemie, hat die Problematik wie in einem Brennglas deutlich gemacht: Die Menschheit führt inzwischen einen Krieg gegen alles, was Leben ist.

Von den geschätzten acht Millionen Tier- und Pflanzenarten der Erde sind eine Million Arten vom Aussterben bedroht. Wir haben es hier mit einem «menschengemachten Massenaussterben» zu tun. In den vergangenen fünfzig Jahren sind beispielsweise ein Drittel der Vögel in den Vereinigten Staaten von Amerika verschwunden. In Deutschland ist die Biomasse der Insekten um etwa 75 Prozent zurückgegangen. Das ist eine existenzielle Krise. Der Verlust an Biodiversität wird für die Erde lebensbedrohlich.

Mittlerweile verschieben wir durch unsere Aktivitäten sogar die Erdachse jährlich um einige Zentimeter. Der Grund ist der wegen des Klimawandels gestiegene weltweite Grundwasserverbrauch (Bewässerung), in dessen Folge der Meeresspiegel steigt.

Abb. 1: Mt. Kenya (5199 m, zweithöchster Berg Afrikas) in der Morgensonne, Kenia, 2. August 1999

Nun hat es sich zwar in vielen Ländern inzwischen herumgesprochen, dass man immerhin Lebensmittel kaufen kann, die mit «Bio» gekennzeichnet sind – und der Konsum der biologisch angebauten Produkte steigt erfreulicherweise stetig. Es ist mittlerweile aber genauso klar, dass dieses veränderte Verbraucherverhalten allein nicht ausreichen wird. Es wird nicht genügen, nur lokal die Erde nicht zu zerstören, nicht zu vergiften. Wir müssen einen nächsten, entscheidenden Schritt machen. Nennen wir ihn «Bio 2.0».

Es ist notwendig – und das wird immer deutlicher –, dass wir in unser Bewusstsein, in unser Verhältnis zur Erde und vor allem in unser Handeln die Tatsache mit aufnehmen, dass die Erde lebt. Die Erde ist ein Lebewesen. Wir brauchen nicht nur die Erde, es gilt auch umgekehrt: Das Leben der Erde braucht uns als Partner. Das vor uns liegende Jahrhundert wird daher das Jahrhundert der Zusammenarbeit von Erde und Mensch werden müssen. Das ist die These und die Botschaft dieses Buches, die sich aus den folgenden Betrachtungen ergibt.

Es versteht sich von selbst, dass ein solch komplexes und umfassendes Thema hier nur in Ansätzen dargestellt und an einzelnen Beispielen anschaulich gemacht werden kann. Es geht darum, dass wir anfänglich ein erweitertes Verständnis von «Leben» entwickeln und einen Einblick in die Lebenssphären der Erde erhalten.

Nach einer allgemeinen Einführung in das Thema (Kapitel 1 bis 4) wird in Kapitel 5, «Das Leben verändert die Umwelt», das Leben des Menschen in ein Verhältnis zum Leben der Erde gesetzt und das Leben der Erde wiederum in ein Verhältnis zum Kosmos. In Kapitel 6, «Organismische Eigenschaften des Lebens», gehen wir der Frage nach, was das Leben allgemein aus einer naturwissenschaftlichen Sicht auszeichnet. Wem das nicht so liegt, der kann dieses Kapitel auch überspringen und gleich zum nächsten übergehen: «Von den Lebensprozessen der Erde am Beispiel des Jahreslaufes». Hier werden anhand des Jahreslaufes in Mitteleuropa, Nordamerika und dem Kontinentblock Russland–Asien Lebensäußerungen der Erde beschrieben. Die letzten Kapitel sollen die Fragen beantworten: Wie können wir die Erde verstehen? Wie können wir uns dadurch selbst besser verstehen? Und wie können wir mit der Erde zusammenarbeiten? Kurz: In welcher Welt wollen wir leben?

Abb. 2: Bwabwata Nationalpark, Namibia, 28. August 2018

Dieses Buch wurde bewusst allgemeinverständlich geschrieben; es wendet sich an alle, die sich für diese Fragen interessieren. Wissenschaftliche Sachverhalte werden möglichst anschaulich dargestellt. Dennoch ist es bei so einem Thema nicht ganz zu vermeiden, dass Fachwörter benutzt werden, die unser Alltag nicht kennt. Sie werden immer dann verwendet, wenn es im Deutschen kein eigenes Wort dafür gibt. Es sind vor allem drei Begriffe, die mir in dem Zusammenhang sehr wichtig erscheinen: «Erdentrophoblast», «Mikrobiom» und «Holobiont». Sie werden im Text ausführlich erläutert und auch im Fachwortverzeichnis am Ende des Buches (S. 179f.) erklärt.

Der vorliegende Band möchte dazu beitragen, dass wir unser Verhältnis zur Erde neu klären und unser Leben so ändern, dass wir konstruktiv mit dem Leben der Erde zusammenarbeiten. Diese Zusammenarbeit muss jetzt vorbereitet werden, damit wir das gefährdete Leben unseres Planeten schützen können und eine lebenswerte Zukunft auf und mit der Erde noch möglich sein wird.

Im Mai 2023 *Albrecht Schad*

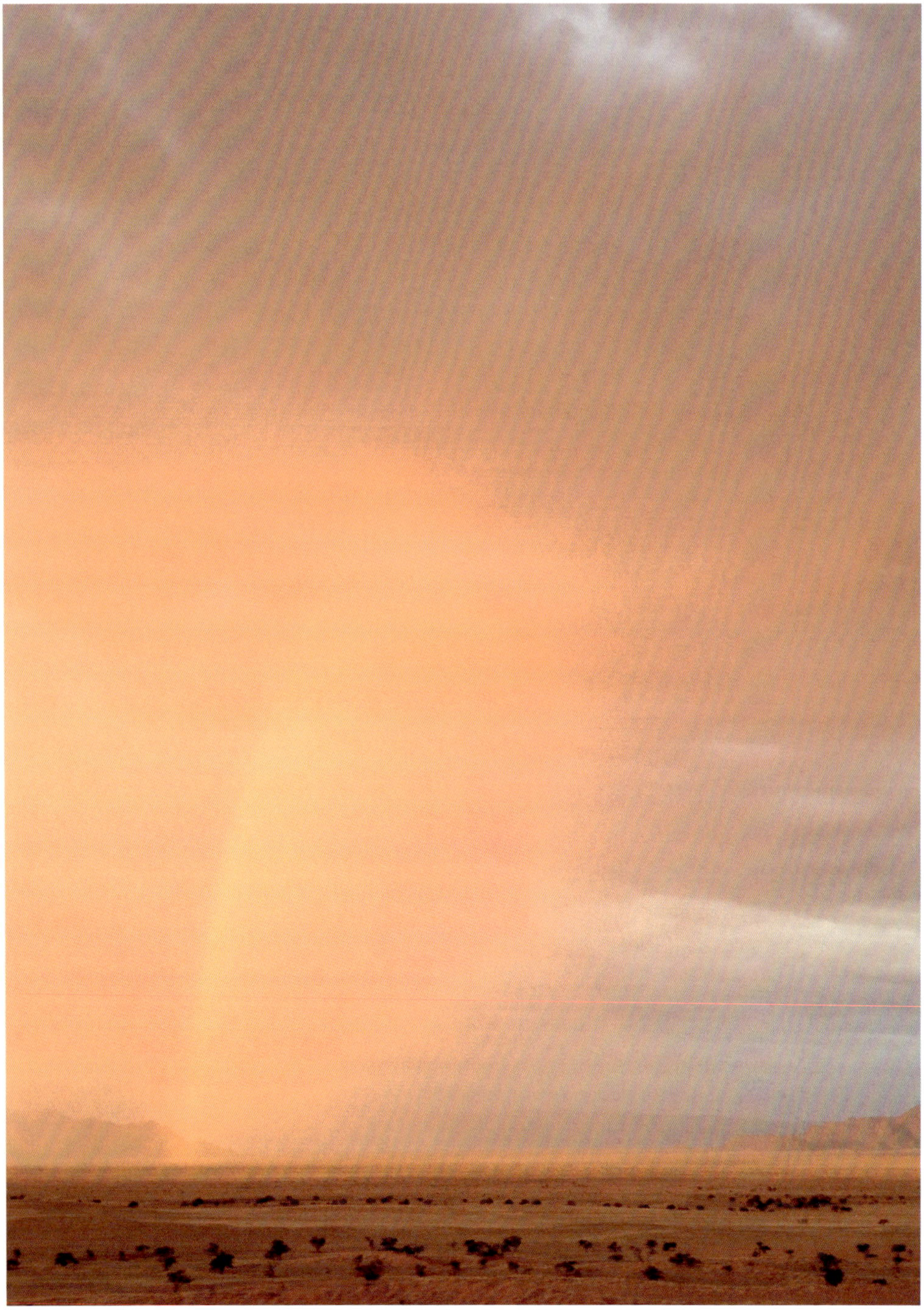

Abb. 3: Regenbogen über der Namibwüste, Namibia, 29. Dezember 2015

1. Die Erde als Ganzes

> «Diese Schönheit ist unendlich zart und reich, eine wunderbare Harmonie strahlender und sanfter Farben. Einzig ein Kind könnte in seiner Unschuld die Reinheit und den Glanz dieses Anblicks erfassen.»[1]
>
> *Patrick Baudry, französischer Astronaut*

Wenn wir abends an den Sternenhimmel schauen, blicken wir weit zurück in die Vergangenheit. Denn das Sternenlicht, das wir sehen, hat meist viele Tausende, zum Teil Millionen von Jahren gebraucht, bis es die Erde erreicht hat. Obwohl das Weltall so unermesslich groß ist – das Licht rast ja mit der unvorstellbaren Geschwindigkeit von 300.000 Kilometer pro Sekunde durch den Raum –, gibt es, soweit wir das heute sagen können, kein weiteres Leben im Kosmos. Es existieren zwar zahllose Spekulationen, Theorien und auch Untersuchungen über außerirdisches (extraterrestrisches) Leben, doch konnte bislang noch kein Beleg oder ein überzeugender Nachweis hierfür erbracht werden. Die Erde ist das einzige Samenkorn, das Leben trägt in diesem unvorstellbar großen Weltraum. Welch wichtige Aufgabe ist es daher, dieses Leben und diesen Planeten zu hüten und zu pflegen!

Viele Astronauten, die das Privileg hatten, die Erde von außen zu sehen, hatten beim Anblick der Erde unmittelbar diese Empfindung. So schrieb etwa Sigmund Jähn (1937–2019), der 1978 als erster deutscher Kosmonaut in den Weltraum flog, über sein Erlebnis: «Bereits vor meinem Flug wusste ich, dass unser Planet klein und verwundbar ist. Doch erst als ich ihn in seiner unsagbaren Schönheit und Zartheit aus dem Weltraum sah, wurde mir klar, dass der Menschheit wichtigste Aufgabe ist, ihn für zukünftige Generationen zu hüten und zu bewahren.»[2]

1 Aus Kevin 1989 (zu Abb. 62/63).
2 Kevin 1989 (zu Abb. 141).

Abb. 4: Dieses wohl berühmteste Foto der Erde, «Blue Marble» genannt, wurde vom US-Astronauten Harrison Schmitt aufgenommen; er gehörte zur Besatzung der Apollo 17, die im Dezember 1972 zum Mond flog. Es war die letzte NASA-Mission, die auf dem Mond landete. Seit diesem 7. Dezember 1972 ist nie wieder ein Mensch weit genug von der Erde entfernt gewesen, um sie als Ganzes zu sehen und zu fotografieren.

Und Sultan Bin Salman Al Saud, der Sohn des Königs von Saudi-Arabien und bislang jüngster Teilnehmer einer Space-Shuttle-Mission, berichtete über seinen Ausflug ins All: «Am ersten Tag deutete jeder auf sein Land. Am dritten oder vierten Tag zeigt jeder auf seinen Kontinent. Ab dem fünften Tag achteten wir auch nicht mehr auf die Kontinente. Wir sahen nur noch die Erde als den einen, ganzen Planeten.»[3]

3 Kevin 1989 (zu Abb. 82).

Dass wir ein Bewusstsein von der Erde als Ganzes haben können, ist ein modernes Lebensgefühl, das wir in dieser Form erst seit der zweiten Hälfte des 20. Jahrhunderts entwickelt haben. Aber es waren in der Geschichte der Menschheit natürlich viele vorausgehende Ereignisse und Entwicklungsprozesse nötig, die ein solches Bewusstsein ermöglicht haben. Gehen wir daher in unserer Betrachtung einen Schritt zurück und springen in die Zeit der großen Seefahrten und Entdeckungsreisen im 15. und 16. Jahrhundert.

Fernando Magellan (vor 1485–1521), ein portugiesischer Ritter und Seefahrer, erhielt von der spanischen Krone den Auftrag, eine Westroute zu den sagenhaften Gewürzinseln, den Molukken, zu finden. Während die Portugiesen ihre Fahrten immer weiter nach Osten ausgedehnt hatten, Richtung Indien, um den lukrativen Gewürzhandel für sich zu erschließen, verlegten sich die Spanier auf die Westroute zum indischen Kontinent, die ja auch schon Christoforo Colombo (um 1485–1506) eingeschlagen hatte und dabei auf einen neuen Erdteil gestoßen war.

Magellan also initiierte mit seiner Reise, von ihm selbst völlig unbeabsichtigt, die erste Umsegelung der ganzen Erde. Am 20. September 1519 stach er mit fünf Schiffen in See und fuhr gen Westen über den Atlantik. Nachdem er den amerikanischen Kontinent ganz im Süden umrundet hatte – die Meerenge zwischen dem südamerikanischen Festland und der südlich davon gelegenen Insel Feuerland, die er 1520 passierte, wurde später nach ihm «Magellanstraße» benannt –, überquerte er als erster Europäer mit seiner Besatzung den riesigen Pazifischen Ozean. Ganze drei Monate und zwanzig Tage dauerte die Überfahrt auf dem schier endlosen Meer – für die gesamte Mannschaft eine unvorstellbare Strapaze; Hunger, Krankheit und Tod fuhren mit ihnen.

Am 6. März 1521 erreichte die Flotte die Marianeninseln im Westpazifik, am 16. März landete sie schließlich auf einer unbewohnten Insel der heutigen Philippinen. Während seiner Weiterfahrt durch die philippinische Inselgruppe schloss Magellan mit verschiedenen Inselherrschern Verträge. Nur der Stammeshäuptling Lapu-Lapu auf der Insel Mactan widersetzte sich allen Missionierungsversuchen der europäischen Seefahrer. Im vermeintlichen Glauben, die militärische Überlegenheit zu besitzen, entschloss sich Magellan am 17. April 1521 zum Angriff. Beim Landungsversuch mit einer kleinen

Abb. 5: Magellans Schiff Victoria

Schar von sechzig Spaniern, denen sich zweitausend Krieger entgegenstellten, fand er den Tod. Damit ging Lapu-Lapu als frühester Freiheitsheld der Philippinen in die Geschichte ein.

Lediglich ein einziges Schiff von Magellans Flotte kehrte unter dem Kommando von Juan Sebastian Elcano (1486–1526) am 6. September 1522 zurück nach Spanien. Von den mehr als 240 Mann der ursprünglichen Besatzung erreichten auf der Victoria nur achtzehn Seefahrer nach 1081 Tagen wieder die Heimat. Was für eine Reise! Abgesehen von all den Entbehrungen und den großen Verlusten der Besatzung erbrachte diese Weltumsegelung den endgültigen Beweis dafür, dass die Erde tatsächlich eine Kugel und damit ein in sich geschlossenes Ganzes ist. Und sie ermöglichte es so zum ersten Mal uns Menschen, für die Erde als Gesamtheit ein Gefühl zu entwickeln.

Ein globales Bewusstsein für unseren Planeten hat sich allerdings, wie wir gesehen haben, erst im 20. Jahrhundert herausgebildet. 439 Jahre nach der Rückkehr von Magellans letztem Schiff und der damit geglückten Erdumrundung konnte die Menschheit einen weiteren entscheidenden Schritt verzeichnen: Der sowjetische Raumfahrer Juri Alexejewitsch Gagarin (1934–1968) flog als erster Mensch in den Weltraum. Eingezwängt in eine ziemlich

Abb. 6: Trägerrakete mit Raumschiff Wostok 1

kleine Kapsel, umrundete der lediglich 1,57 Meter große Pilot als erster Astronaut am 12. April 1961 die Erde. Vom Start bis zur Landung brauchte er nur 108 Minuten. Er war der erste Mensch, der die Erde von außen sah und dabei auch einen neuen Begriff für sie prägte: der «Blaue Planet».

2. Die Erde – der besondere Planet

Die Astronomen haben inzwischen viele Sonnen entdeckt, die auch von einem oder von mehreren Planeten umkreist werden. Aber die Erde ist der einzige Planet, von dem wir wissen, dass es dort Leben gibt. Es ist erstaunlich, wie viele fein austarierte Bedingungen erfüllt sein müssen, damit auf einem Planeten Leben existieren kann. Im Folgenden seien einige dieser Voraussetzungen angeführt.

Leben ist immer auf *Wasser* angewiesen. Auch das Leben in der Wüste braucht Wasser. Das Wasser kann dem Leben aber nur in einem sehr engen Temperaturbereich dienen. Würde die Erde nur 5 Prozent näher um die Sonne kreisen, dann wäre es viel zu heiß, und alles Wasser würde verdunsten. So sind die Verhältnisse aktuell auf der Venus oder dem Merkur. Auf der Venus herrschen im Schnitt 460 °C, auf dem Merkur tags bis zu 430 °C. Wäre die Erde dagegen nur 1 Prozent weiter weg von der Sonne, so wäre es viel zu kalt; alles Wasser würde gefrieren.[4] In beiden Fällen wäre kein Leben möglich.

Damit aber nicht genug – auch die *Größe* spielt eine Rolle. Wäre die Erde kleiner, etwa so groß wie der Mond, so hätte sie nur eine sehr dünne oder gar keine Atmosphäre. Sie wäre dem Bombardement durch Meteoriten aus dem All ungeschützt ausgesetzt. Diese würden nicht mehr in der Atmosphäre verglühen, sondern mit zerstörerischer Wirkung auf der Erde aufschlagen und jedes Mal einen Krater bilden. Es gäbe zudem große Temperaturschwankungen, wie dies beim Merkur der Fall ist: mit Tagestemperaturen bis +430 °C und Nachttemperaturen bis –170 °C.

Die Atmosphäre allein würde aber nicht ausreichen, um uns vor Meteoriten zu schützen. Glücklicherweise haben wir den Jupiter als «Bodyguard». Mit seiner dreihundertmal größeren Masse im Vergleich zur Erde zieht er viele Meteore aus dem Weltall an, sodass sie nicht die Erde heimsuchen, sondern auf ihrer Bahn abgelenkt werden. Wäre die Erde größer, wie etwa

4 Pflug 1984, S. 124f.

der Jupiter oder der Saturn, dann hätte sie eine viel zu dicke Atmosphäre – es wäre viel zu heiß, und es gäbe keine feste Oberfläche. Jupiter und Saturn sind daher riesige Gasplaneten.

Doch nicht nur die Größe der Erde und ihre Stellung im Sonnensystem sind lebensfördernd, sondern auch die Geschwindigkeit ihrer eigenen *Rotation* und die Neigung der *Erdachse* unterstützen das Leben. Die Erde dreht sich in 24 Stunden einmal um ihre eigene Achse. Dadurch ergibt sich der uns vertraute Tag-Nacht-Rhythmus. Nur durch die Schrägstellung der Erdachse zur Erdbahnebene – sie ist um ca. 23,5° geneigt – gibt es Jahreszeiten. Wenn die Erdachse stattdessen senkrecht zur Umlaufbahn stünde, hätten wir überall auf der Erde zwölf Stunden Tag und zwölf Stunden Nacht. Wir hätten zwar räumlich verschiedene Klimazonen, aber keine Jahreszeiten.

All diese Feinheiten ermöglichen das so ungemein differenzierte Leben auf der Erde, sei es auf den Kontinenten oder in den Meeren: die Regenwälder, Savannen und Wüsten; das herrliche Mittelmeerklima; die milden und ausgeglichenen Verhältnisse der mittleren Breiten; den nördlichen Nadelwaldgürtel, den wir als Taiga kennen; schließlich die baumlose Tundra mit ihren Flechten und Sträuchern; und nicht zu vergessen die vereisten Polkappen.

So sind wir «geschwisterlich» umgeben von der Familie der Planeten. Merkur und Venus umkreisen die Sonne innerhalb unserer Erdbahn. Im Vergleich zur Erde flitzen sie geradezu um die Sonne. Der Merkur braucht dafür nur drei Monate (88 Erdentage), die Venus sieben Monate (225 Erdentage). Mars, Jupiter, Saturn, Uranus, Neptun und Pluto umkreisen die Sonne außerhalb der Erdbahn wie eine Art «Wächterplaneten». Jupiter umrundet die Sonne in 12 Jahren, Saturn in 30 Jahren, Pluto braucht dafür sogar 248 Jahre.

Machen wir auch an dieser Stelle wieder einen Sprung zum Beginn der Neuzeit, ins 16. Jahrhundert. Nach astronomischen Beobachtungen, der Auswertung antiker Daten und eigenen Überlegungen kam der Arzt, Mathematiker und Astronom Nikolaus Kopernikus (1473–1543) zu dem Schluss, dass die Sonne im Mittelpunkt unseres Planetensystems steht. 1543 fasste er seine Anschauung in seiner Schrift *De Revolutionibus Orbium Coelestium* («Über die Umschwünge der himmlischen Kreise») zusammen. Er drückte das so aus: «In der Mitte von allen aber hat die Sonne ihren Sitz. (...) So lenkt die Sonne gleichsam auf königlichem Thron sitzend, in der Tat die sie umkreisende Familie der Gestirne. Auch wird die Erde keineswegs der Dienste des Mondes beraubt, sondern der Mond hat (...) mit der Erde die nächste Verwandtschaft. Indessen empfängt die Erde von der Sonne und wird mit jährlicher Frucht gesegnet.»[5]

Das heliozentrische Weltbild von Kopernikus löste in der Folgezeit das bis dahin anerkannte geozentrische Modell ab – ein Prozess, der sich nicht ohne Kämpfe und erheblichen Widerstand beispielsweise der katholischen Kirche vollzog. Die Auseinandersetzungen zwischen Galileo Galilei (1564–1641) und dem damaligen Papst Urban VIII. (1568–1646) sind bekannt; durch die römische Inquisition wurde Galilei gezwungen, seine Lehre zu widerrufen, hielt aber dennoch an seinen Überzeugungen fest («... und sie bewegt sich doch»).

Werfen wir einen kurzen Blick auf die kosmische Genese der Sonne und ihrer Planeten, wie wir sie nach heutigem Forschungsstand beschreiben können. Auch hierbei wird deutlich, welch außergewöhnliche Bedingungen zusammenkamen, damit Leben auf der Erde möglich wurde.

Bei der Entstehung unseres Sonnensystems bildete sich zunächst einmal die Sonne, umgeben von einer riesigen Gas-Staub-Scheibe. Daraus verdichtete sich in einem ersten ordnenden Prozess der innere Teil der Scheibe zu den vier heißen «Felsenplaneten» Merkur, Venus, Erde und Mars. Aus dem äußeren Teil entstanden die schweren Gasplaneten wie Jupiter und Saturn, die das kalte Gas der Scheibe aufsaugten. Die Gas-Staub-Scheibe um die Sonne differenziert sich also in einen heißen, mehr zentralen Teil und einen kalten, mehr peripheren Teil. Eine erste Gleichgewichtsbildung findet statt.

Die Erde verdankt sich daher der Bildung der anderen Planeten, denn auf diese Weise konzentrierte sich die Materie an bestimmten Stellen in heiße und kalte Planeten. Ein erster kosmischer Glücksfall für die Erde. Der Platz der Erde im Planetensystem befindet sich an einer Stelle, wo sie nicht im kalten Außenbereich gelegen ist wie Jupiter und Saturn und nicht im heißen Innenbereich wie Merkur und Venus. Der Platz der Erde ist aber auch nicht genau an der Grenze zwischen heiß und kalt, sondern ganz leicht auf die

5 Kopernikus 1543: *De Revolutionibus Orbium Coelestium.*

heiße Seite hin verschoben, innerhalb der Marsbahn. Alle Extreme werden «vermieden».

Viele große und kleine Gesteinsbrocken vagabundierten in der Frühzeit der Erdentstehung aber noch herum. Ein großer Vagabund von etwa 20 Prozent der Erdmasse schlug streifend auf die Erde ein. Durch diesen Einschlag oder «Eingriff» von außen bildete sich kurz nach der Entstehung des Sonnensystems unser Mond. Auch die Bildung des Mondes ist für die Erde ein wahres «Geschenk»! Wir können ihn als «Glücksbringer» betrachten. Denn ohne den Mond würde die Erde durch das All taumeln. Der Astrophysiker und Wissenschaftsjournalist Harald Lesch beschreibt das sehr anschaulich: «Ihre Drehachse würde so stark schwanken, dass eine Seite ständig zur Sonne gerichtet wäre, während die andere in völliger Dunkelheit erfröre. So aber ist das System Erde-Mond stabil und die Erdachse schwankt nur wenige Grad hin und her, sodass die unterschiedlichen Jahreszeiten entstehen.»[6]

Durch den Mond gibt es die Gezeitenkräfte. Sie «kneten» das Innere der Erde so durch, dass die Rotation der Erde um ihre Achse, die ursprünglich etwa sechs Stunden betrug, über den langen Zeitraum von etwa vier Milliarden Jahren heruntergebremst wurde auf den heutigen 24-Stunden-Tag. Ohne diese Drosselung würde sich die Erde so schnell drehen, dass wir ständig Windgeschwindigkeiten von 300 bis 500 km pro Stunde an der Oberfläche hätten. Es gäbe keine in die Höhe wachsenden Pflanzen, und große Lebewesen müssten ganz flach sein. Der Mensch hätte sich nicht aufrichten können. Der Mond ist somit für die Erde und für uns ein zweiter kosmischer Glücksfall.

Das lebenspendende Wasser kam als ein weiteres «Geschenk» mit Asteroiden aus dem Sonnensystem jenseits des Mars. Lassen wir hier noch einmal Harald Lesch ausführlich zu Wort kommen: Der Wasserdampf in der Uratmosphäre «kondensiert zu einem globalen Regen unvorstellbaren Ausmaßes. Er wäscht über Zehntausende von Jahren das Kohlendioxid und Methan aus der Luft, löst es in den Meeren auf und verstaut es im Gestein. Der Erde bleibt damit das Schicksal der Venus erspart. Dort hat der galoppierende Treibhauseffekt des Kohlendioxids zu einer Oberflächentemperatur von

6 Lesch 2013, S. 44f.

Abb. 7: Die Planeten unseres Sonnensystems

450 °C geführt. Denn dort, auf der Venus, hat es nie geregnet, sie ist nämlich offenbar nicht von Asteroiden beliefert worden. Andererseits hat die Uratmosphäre der Erde aber anfangs dafür gesorgt, dass sie nicht völlig vereiste. Schließlich war die noch junge Sonne in der Frühphase des Sonnensystems noch rund 25 Prozent leuchtschwächer als heute. Ohne die genügende Menge an Treibhausgasen wäre die Erde noch heute eine weiße Kugel, die fast alles an Strahlung ins Universum reflektiert, die sie von der Sonne bekommt. Aber offenbar hatte sie gerade genügend Methan, Wasserdampf und Kohlendioxid, dass ihr das Schicksal der globalen Vergletscherung erspart blieb.»[7] Durch einen dritten kosmischen Glücksfall bildet sich also auf der Erde wiederum ein Gleichgewicht heraus.

Wir stoßen hier auf ein interessantes Charakteristikum des Lebens: Das Leben vermeidet Extreme. Es ist jederzeit um Ausgleich der Extreme bemüht. Bei

7 Lesch 2013.

Lebensvorgängen geht es immer um Gleichgewichtsbildung. Alle drei kosmischen «Glücksfälle» ermöglichten diese Gleichgewichtsbildung. Wir können an dieser Stelle schon einen organismischen Charakter der Erde bemerken.

Die Erde beherbergt Leben, Lebewesen – das ist gewiss. Aber könnte es nicht sein, dass auch sie selbst lebt? Das klingt erst einmal sehr ungewöhnlich, und viele Wissenschaftler werden heute diesen Gedanken noch ablehnen.

Dass die Erde lebendig ist, ist aber durchaus keine neue Idee. Schon Johannes Kepler (1571–1630) sprach davon, dass die Erde ein Körper ist, der einem Lebewesen zugehört.[8] Der schottische Naturforscher James Hutton (1727–1797) verglich 1785 den Kreislauf der Nährstoffe im Boden und die Bewegungen der Ozeane mit der Zirkulation des Blutes. Der Arzt und Naturphilosoph Carl Gustav Carus (1789–1869) betrachtete den Kosmos als ein von Leben durchzogenes Ganzes und veröffentlichte 1841 *Zwölf Briefe über das Erdenleben*.[9]

Wenden wir uns einigen bahnbrechenden Entdeckungen und Forschungen des 20. Jahrhunderts zu, die diese allgemeinen Überzeugungen differenziert und in einzelnen Aspekten konkretisiert haben. 1912 veröffentlichte der große Klimatologe, Geowissenschaftler und Polarforscher Alfred Wegener (1880–1930) seine bahnbrechende Theorie der Kontinentaldrift.[10] Er stellte sich damals vor, dass die Kontinente über die Meeresböden driften. Heute sieht man diese Kontinentalverschiebung etwas differenzierter und beschreibt die Bewegungen als Plattentektonik: Es wandern die großen Erdplatten, auf denen Kontinente liegen. Mit der Plattentektonik wurde deutlich, dass die Erde nicht ein starres Gebilde, sondern hoch dynamisch ist und in ständiger Umbildung begriffen. Diese Dynamik ist in hohem Maße selbstregulierend. Sich selbst regulierende Prozesse finden wir typischerweise in Zusammenhang mit Lebensvorgängen.

Der führende Geophysiker Raymond Siever (1923–2004) merkte 1986 an: «Man wird sich die Erde daher wohl mehr und mehr als einen hochdifferenzierten Organismus vorstellen müssen: als ein so komplexes System, dass durch die Beschränkung auf einfache Kräfte und Massenzusammensetzun-

8 Siehe Göpfert 1999, S. 7f.

9 Scarpulla 2015, S. 5f.

10 Wegener 1915.

gen die wunderbare Vielfalt und der Detailreichtum, die sich auf der Erdoberfläche direkt beobachten und im Erdinnern erahnen lassen, nicht zu begreifen sind.»[11]

1992 veröffentlichte der englische Mediziner und Biologe James Lovelock (1919–2022) ein Buch mit dem Titel *Die Erde ist ein Lebewesen*. Wir kommen auf die Forschungen von Lovelock in einem späteren Kapitel noch zurück (S. 32ff.). Und der Geomikrobiologe Wolfgang Krumbein (1937–2021) schrieb 1997: «Ja, die Erde lebt. Sie ist ein lebendiges Wesen, eine Spezies nicht ungleich Mikroorganismen, Pflanzen und Tieren.»[12]

Ganz aktuell stellt beispielsweise der Mathematiker und Philosoph Charles Eisenstein fest: «Die Notwendigkeit zum Schutz und zur Verehrung des Wassers ist offensichtlich, wenn wir es als Blut oder den Lebenssaft eines lebendigen Planeten sehen. Es ist das Gleiche wie bei einem menschlichen Körper: Wenn Sie ihn als kohärentes, intelligentes Lebenssystem verstehen, brauchen Sie keine physiologischen Gründe, die Sie überzeugen, dass Sie Ihre Lungen, Ihre Leber, Ihren Blinddarm, Ihre Mandeln tatsächlich brauchen. Es ist nur in einer mechanistischen Sichtweise möglich, sich einige Organe als nutzlos vorzustellen, sodass sie einfach ohne Konsequenzen für das Ganze herausgeschnitten werden können. Endlich erkennen jetzt mehr klarsichtige Ärzte diese Tatsache und werfen siebzig Jahre medizinische Moden über Bord, wie etwa die routinemäßige Entfernung von Blinddärmen, Mandeln und Weisheitszähnen. Ist es nicht Zeit, dasselbe auch für den Körper des Gesamtorganismus Erde zu tun?»[13] Und der renommierte Zoologe Volker Storch, der 2009 zum Seniorprofessor der Universität Heidelberg ernannt wurde, schreibt: «Organismen sind durch eine Reihe von Merkmalen charakterisiert, die nur ihnen zukommen. Ihre elementaren Bausteine spiegeln nicht die Verteilung der Elemente in der abiotischen Welt wider. … Außerdem unterliegen sie einer Evolution, also einer Veränderung in der Zeit, was oft gemeinsam mit Kooperationspartnern – beispielsweise in einer Symbiose – geschieht.»[14]

11 Siever 1986, S. 8f.

12 Krumbein 1997.

13 Eisenstein 2021, S. 133ff.

14 Storch 2014, S. 32f.

Abb. 8: Gewitterwolke über dem Okavango, südliches Afrika, 30. Dezember 2016

Die Idee, dass die Erde ein Lebewesen sein könnte, hat also eine lange Tradition und wird gerade auch in jüngster Zeit häufiger vertreten und ausgearbeitet. Und sie erscheint für viele von uns ungemein faszinierend. Damit wir diese Anschauung differenzierter verstehen und an einzelnen Phänomenen nachvollziehen können, müssen wir erst einmal der Frage nachgehen: Was ist eigentlich Leben? Und können wir unsere möglichen Antworten dann auch auf die Erde anwenden?

3. Was ist Leben?

Da wir selbst leben, müssten wir doch eigentlich wissen, was Leben ist. Es ist aber gar nicht so leicht, über das, was Leben ausmacht, etwas zu sagen. Warum sind wir uns bei einem Stein so sicher, dass er nicht lebt, also tot ist, und bei einer Pflanze, dass sie lebt? Was passiert mit einem Stein, den wir im Wald finden, oder den Felsen im Gebirge? Was ist ihre Zukunft?

Ein Stein wird irgendwann verwittern. Hier kommen verschiedene Prozesse ins Spiel: Durch den Frost wird er sich unmerklich zusammenziehen, bei Hitze im Sommer wieder ausdehnen. Das macht sein Gefüge mürbe, er wird mit der Zeit zerfallen. Auch das Wasser wird ihn angreifen, ebenso die Frostsprengung. Gerät er in einen Fluss, dann wird er vom Wasser mitgenommen, und die Steine in einem tosenden Fluss werden sich gegenseitig zerreiben. Auf diese Weise entstehen Sande und Tone, oder die Substanzen gehen als (Salz-) Ionen in Lösung, die dann wieder miteinander reagieren.

Was also ist die Zukunft eines Steines, den wir hier stellvertretend für alle toten Gegenstände betrachtet haben? Er wird irgendwann zerfallen sein, das heißt, seine räumliche Struktur wird sich auflösen, und dann werden alle noch möglichen chemischen Reaktionen stattfinden. Die Stoffe der toten Welt streben einem Zustand zu, in dem alle chemischen Reaktionen so ablaufen, dass das niedrigste mögliche Energieniveau erreicht wird und das größtmögliche räumliche Chaos sich einstellt. Es entstehen auf diese Weise chemische Gleichgewichte, und dann passiert gar nichts mehr. Für die Zukunft der Erde heißt das: Wenn unsere Sonne dereinst, in ferner Zukunft, erloschen sein wird und das Leben gewichen ist, dann werden alle Stoffe zerfallen (räumliches Chaos), alle möglichen chemischen Reaktionen ablaufen (alles wird schließlich erstarrt sein), es wird dunkel und kalt. Das ist die Zukunft aller toten Materie.

Die riesigen Dünen in der Namibwüste, wie sie in Abbildung 9 zu sehen sind, hat der Wind aus den zermahlenen Gesteinen zusammengeweht. An ihnen können wir das oben Gesagte wiederfinden. Gleichzeitig zeigen die

Abb. 9: 200 Meter hohe Dünen im Tsauchabtal, Namibia, 9. September 2015

Dünen aber auch, dass der Todesprozess des Zerfallens nicht zu Ende geführt wird. Das Material aus dem Gesteinszerfall wird nicht final chaotisiert, sondern es findet eine hochgradige Sortierung statt, sonst hätte man überall nur noch Nagelfluh (also ein mineralisches Konglomerat, in dem alle Gesteine miteinander verbacken sind) oder Geschiebelehm (ein Sediment, das mit verschiedenen Gesteinsbruchstücken durchsetzt ist). Die Düne ist dagegen hochgradig sortiert nach Korngröße.

Ein Fluss sortiert noch genauer als der Wind; jede kleine Ecke in den Flussablagerungen zeigt bei den Gesteinen eine bestimmte Korngröße und ein spezifisches Gewicht. Letztendlich kehrt alles in die großen Kreisläufe zurück, solange das Leben auf der Erde ist. Unsere Erde ist durch und durch lebendig, nicht nur wegen der Lebewesen, die auf ihr leben, sondern insgesamt. Das wird sich im Folgenden an vielen weiteren Beispielen zeigen.

Wie anders ist alles bei einer Pflanze, die lebt! Wenn wir eine Pflanze sehen – etwa einen Farnwedel, ein Moospolster, ein Maiglöckchen oder einen

Abb. 10: Farnwedel am Fuße des Himalaya bei Emeishan, China, 2. Mai 2017

Baum –, finden wir: Überall, wo die Pflanze grün ist, kann sie Fotosynthese betreiben. Die braunen, toten Blätter der Bäume am Waldboden, die braunen Tannennadeln, die herabgefallenen Äste aus Holz zeigen uns sofort an, dass sie nicht mehr leben. *Fotosynthese* ist der grundlegende Lebensvorgang auf der Erde überhaupt. Aus toten Stoffen bildet die Pflanze einen organischen Stoff. Sie nimmt die toten Stoffe Wasser und Kohlendioxid (und Mineralstoffe) auf und bildet mithilfe der Sonne (Sonnenenergie) durch den Vorgang der Fotosynthese einen ersten lebendigen Stoff, einen Zucker: Glucose.

Leben führt also dazu, dass Stoffe gebildet werden, die eine höhere räumliche Ordnung als Wasser und Kohlendioxid haben und die ein höheres Energieniveau aufweisen als ihre Ausgangsstoffe. Im Gegensatz zu Pflanzen können Tiere oder Menschen nicht selbst Fotosynthese betreiben, sondern sie nehmen Pflanzen oder das Fleisch von Tieren auf, die Pflanzen gefressen haben. Letztlich fußen alle Lebensvorgänge der Lebewesen, die auf der Erde leben, auf dem fundamentalen Lebensvorgang der Fotosynthese der Pflanzen. So halten alle Lebewesen ein relativ *stabiles chemisches Ungleichgewicht* aufrecht.

Dieses chemische Ungleichgewicht (wir erinnern uns: es zeichnet sich durch eine höhere räumliche Ordnung und ein höheres Energieniveau aus) hat gleichzeitig eine gewisse Dynamik, weil es ständig in dem Ungleichgewicht erhalten und reguliert wird. Daher müssen wir dieses stabile chemische Ungleichgewicht als ein labiles Fließgleichgewicht ansehen; wir können es als eine *Homöostase* bezeichnen. Die Spannungsgegensätze, die so entstehen, werden fortlaufend aufrechterhalten. Es darf zu keinem energetischen Ausgleich kommen. Denn was passiert, wenn das Leben weicht? Dann gelten wieder ausschließlich die Gesetze der äußeren Welt: Der Körper zerfällt und kehrt erneut in den Stoffkreislauf der Außenwelt zurück.

Wie aber kann das Leben seine Spannungsgegensätze in einer gemäßigten Weise aufrechterhalten? Das gelingt dadurch, dass sich die Polaritäten ergänzen, weil sie zusammenarbeiten, kooperieren. Das Leben gleicht also zum einen ständig die Gegensätze aus und vermeidet die Extreme, und zum anderen erzeugt es gleichzeitig Polaritäten und erhält sie. Wie kann man sich diesen scheinbaren Widerspruch erklären? Nur wenn Gegensätze vorhanden sind und sie sich nicht vollständig nivellieren, kann es den für das Leben so typischen Wechsel zwischen den Polen, das rhythmische Hin und Her, geben. Wir kennen keinen physiologischen Wert, der konstant bleibt, sondern alle physiologischen Werte schwanken um einen Mittelwert, der aber selbst wieder variabel oszillieren kann. Zum Beispiel haben wir keinen konstanten Blutzuckerwert, sondern etwas höhere Werte am Tag und etwas niedrigere nachts. Alle Lebensprozesse zeigen einen rhythmischen Wechsel. Zum Leben gehört Rhythmus – denken wir nur an Herzschlag und Atmung.

4. Gibt es Leben auf anderen Planeten in unserem Sonnensystem?

In den 1960er-Jahren bekam der schon erwähnte Engländer James Lovelock von der US-amerikanischen Raumfahrtbehörde NASA den Auftrag, herauszufinden, ob es auf anderen Planeten in unserem Sonnensystem Leben gebe. Das eindeutig zu beantworten ist, wie man sich denken kann, eine sehr schwierige Aufgabe. Wie will man darüber etwas sicher aussagen, wenn man zu den anderen Planeten nicht reisen kann? Das war ja nicht nur damals nicht möglich, sondern es gilt für die bemannte Raumfahrt heute noch. Eigentlich müsste man einen solchen Auftrag ablehnen – es sei denn, man hat eine Idee davon, was Leben ist und wodurch es charakterisiert wird. James Lovelock hatte eine solche Idee.

Lovelock war klar, dass mit dem Leben labile Fließgleichgewichte zusammenhängen. Ein Beispiel dafür ist der Regelkreis der Atmung zwischen den Pflanzen auf der einen Seite und den Tieren und Gesteinsbildungsprozessen auf der anderen Seite. In diesem globalen Regelkreis betreiben die Pflanzen Fotosynthese; dabei verbrauchen sie Kohlendioxid und bilden Sauerstoff. Die Menge des durch die Pflanzen gebildeten Sauerstoffs ist wesentlich größer als der Verbrauch des Sauerstoffs durch die Tiere. Die Tiere also verbrauchen Sauerstoff und bilden wiederum Kohlendioxid. Gleichzeitig wird viel Sauerstoff auch durch die Bildung von Gesteinen verbraucht. Ein labiles Fließgleichgewicht zwischen der Bildung von Sauerstoff und dem Verbrauch von Sauerstoff ergibt sich also nicht allein durch die Tiere, sondern eben erst mithilfe der Erde, in diesem Fall der Bildung von Gesteinen.

So können wir sagen: Der Sauerstoffgehalt in unserer Atmosphäre beträgt ungefähr 20 Prozent. Sauerstoff ist ein sehr reaktionsfreudiges Element, das sehr leicht mit anderen Elementen reagiert. Es müsste daher sehr schnell aus der Atmosphäre verschwinden, wenn es nicht ständig nachgeliefert würde, vor allem durch den Lebensvorgang der Fotosynthese. Durch das Nachliefern von Sauerstoff wird das stabile chemische Ungleichgewicht (= labiles Fließgleichgewicht) in unserer Atmosphäre ständig aufrechterhalten. Das gibt es in einer Welt ohne Leben nicht. Hartmut Seyfried, der ehemalige Direktor des Instituts für Geologie und Paläontologie an der Universität Stuttgart, drückte das 2005 so aus: «Auf Planeten gibt es keine anorganischen Reaktionen, die einen Überschuss an Sauerstoff freisetzen.»[15] Einen konstanten hohen Sauerstoffgehalt in der Atmosphäre eines Planeten kann es also nur in Zusammenhang mit Leben geben.

Das Ganze ist aber noch komplexer. Vulkane können Wasser chemisch spalten. Die Feuerberge der frühen Erdzeit haben neben geschmolzenem Gestein auch Kohlenmonoxid (CO) und Wasserstoff (H_2) ausgestoßen. Dies änderte sich mit der Zeit, sodass von den Vulkanen nun Wasser (H_2O) und Kohlendioxid (CO_2) ausgestoßen wurde. Dadurch waren weniger sauerstoffverbrauchende Verbindungen in der Atmosphäre, und der Sauerstoff, der damals vor allem von den Blaualgen gebildet wurde, konnte sich schneller anreichern. Die Änderung des Vulkanismus im Laufe der Erdgeschichte hatte eine Zusammenarbeit der sogenannten organischen und anorganischen Prozesse zur Folge.

Lovelock brauchte also nur noch die chemische Zusammensetzung der Atmosphären von anderen Planeten zu untersuchen, um zu wissen, ob es auf anderen Planeten Leben gibt. Wie aber will man das feststellen? Da Lovelock ein Fachmann auf dem Gebiet der Atmosphärenchemie war, verstand er selbstverständlich auch etwas von Spektralanalyse. Mithilfe der Spektralanalyse kann man Aussagen machen, welche Gase sich in der Atmosphäre eines anderen Planeten befinden. Es musste also nur noch das Licht untersucht werden, das die anderen Planeten abstrahlen. Das Ergebnis war bald klar: In der Atmosphäre aller anderen Planeten unseres Sonnensystems sind schon weitgehend die möglichen chemischen Reaktionen abgelaufen. Es gab zwar auf der Venus und dem Mars Vulkanismus, und dadurch hatte sich die Gaszusammensetzung der jeweiligen Atmosphäre geändert. Der Unterschied zur Erde ist aber, dass sich keine echten Fließgleichgewichte (Homöostasen) eingestellt haben, sondern es gibt dort nur Spuren von Gasen, die nicht ganz

15 Seyfried 2005, S. 71f.

Abb. 11: Mars, der rote Planet (Aufnahme der ESA-Raumsonde Rosetta im Februar 2007)

im chemischen Gleichgewicht sind. Daher sind die Atmosphären von Venus und Mars ganz nah am chemischen Gleichgewichtszustand. Es kann dort kein Leben geben. Lovelock ging also davon aus, dass die gesamte Erdatmosphäre stabil ist in ihrer reaktionsfähigen Instabilität.

5. Das Leben verändert die Umwelt

Zusammen mit der Mikrobiologin Lynn Margulis (1938–2011) entwickelte James Lovelock u.a. aufgrund seiner Überlegungen zu den Fließgleichgewichten Mitte der Sechzigerjahre die Gaia-Hypothese. Sie besagt, dass die Erde und ihre Biosphäre sich wie ein Organismus verhalten. Die Erde ist ein komplexes, sich selbst erhaltendes System. Es zeichnet sich durch relative Autonomie und quasi eine Hautbildung aus. Welche wesentlichen Hinweise gibt es dafür?

Zum einen ist es das besprochene Fließgleichgewicht des Sauerstoffgehalts in der Atmosphäre. Das sich darin ausdrückende chemische Ungleichgewicht zeigt, dass es sich um einen Lebensprozess handeln muss.

Auch der weitgehend konstante Salzgehalt (also ein Fließgleichgewicht) in den großen Ozeanen, der weit entfernt von einem chemischen Gleichgewicht ist, spricht für die Gaia-Hypothese.

Und schließlich die Fähigkeit der Erde, ihre Temperatur so zu regulieren, dass das Wasser nie komplett gefroren war und nie komplett verdampfte. Diese Fähigkeit haben sonst nur noch Vögel und Säuger. Seit etwa vier Milliarden Jahren kann die Erde in einem engen Temperaturkorridor die Temperaturen in der Atmosphäre konstant halten.

Seit der Erdfrühzeit hat die Sonneneinstrahlung um 25–30 Prozent zugenommen. Ohne das Leben könnte man einfach die Temperaturen und die Zusammensetzung der Gase in der Erdatmosphäre allein aufgrund physikalischer Faktoren voraussagen, und lediglich die Gesetze der Chemie und Physik würden die Verhältnisse auf der Erde bestimmen. Die Wirklichkeit weicht aber deutlich von dem ab, was man allein aufgrund von Physik und Chemie annehmen würde. Lynn Margulis hat daher konstatiert: «Die nichtbiologischen Naturwissenschaften reichen nicht aus, um die Umweltverhältnisse auf der Erdoberfläche zu erklären. Berücksichtigt man die vielfältigen Funktionen der Lebewesen, die Gase produzieren und die Temperatur verändern, so verschwindet die Diskrepanz.»[16]

16 Margulis 2017, S. 164f.

Die Temperaturen auf der Erde sind in einem «Temperaturkorridor» erstaunlich stabil geblieben. 1969 postulierte Lovelock einen Rückkopplungsvorgang, der die relativ konstanten Temperaturen auf der Erde bei ansteigender Sonneneinstrahlung immer wieder einstellt (innerhalb dieses Korridors hat es, vor allem in den ersten drei Milliarden Jahren, erhebliche Schwankungen gegeben). Nach Lovelock ist das nur verständlich, wenn die Erde sich wie ein Organismus verhält.[17] Sie zeigt damit eine Eigenschaft, die wir allein von den höchstentwickelten Wirbeltieren, den Vögeln und Säugern, kennen: Homoiothermie nennt man die Fähigkeit, eine weitgehend konstante Körpertemperatur aufrechtzuerhalten. Eine sehr besondere Eigenschaft.

Wie schafft es aber die Erde, eine gleichbleibende Salzkonzentration in den Meeren aufrechtzuerhalten und ihre Bewohner vor lebensbedrohlichen Salzkonzentrationen zu bewahren? Wie gelingt es der Erde, bei der zunehmenden Helligkeit der Sonne die Temperaturen konstant zu halten? Wie kann sie den Sauerstoffgehalt in der Atmosphäre konstant halten? Gibt es etwa ein steuerndes Bewusstsein der Erde?

Nein, davon ist nicht auszugehen, das widerspricht dem Verständnis von Leben. Leben zeichnet sich durch ständig wiederkehrende Abläufe aus, durch rhythmische Wiederholung; dadurch entsteht Ordnung. Wir unterstellen ein solches zentrales Bewusstsein ja auch nicht einer Kuhzelle, einem Bienenstock oder einer Pflanze. Die Art der physiologischen Regulation ist bei den genannten Organismen die gleiche, wie sie auf der Erde herrscht. Leben ist immer unbewusst. Das Leben ist ohne Ziel. Es existiert aus seiner eigenen Gegenwart – ein für uns alle gewöhnungsbedürftiger Gedanke. Und wie wir sehen werden, zeichnet sich Leben immer durch das Vermeiden von Extremen aus.

Lynn Margulis trug zur Gaia-Hypothese eine wesentliche Idee bei. Sie stellte fest, dass alle Organismen auf der Erde in Lebensgemeinschaften, in sogenannten Symbiosen, miteinander leben. Sie bilden große und kleine Ökosysteme und bilden letztendlich einen großen Organismus. Wir werden im Folgenden immer wieder dem Thema der Symbiose begegnen.

17 Lovelock 1993, S. 18f.

Anpassen an die Welt – die Welt umgestalten für die Bedürfnisse des Lebens

Wir wissen heute immer besser, dass es unrealistisch ist zu glauben: Dort gibt es die anorganische Welt, und an diese muss sich das Leben anpassen. Gewiss, wir kennen aktuell unzählige Anpassungserscheinungen von Tieren und Pflanzen. Das ist aber nur die eine Seite. Wir haben auch gelernt, dass das Leben seine Umgebung so verändert, dass sie ihm gemäßer ist. Das Leben passt die Umgebung an die Bedürfnisse des Lebens an. Es gibt eben beides: Lebewesen passen sich an die Umwelt an; das ist heute in unseren Denkgewohnheiten fest verankert. Lebewesen gestalten aber auch die Umwelt so um, dass sie für ihr Leben geeigneter ist.

Dafür seien im Folgenden fünf Beispiele kurz geschildert: der Rehgarten und der Bibersee, das Eichhörnchen als Förster, das Phänomen der sogenannten Feenkreise und die Stummelschwanzsepia als Meister des Impfens von Gewässern.

Beispiel 1: Der Rehgarten

Sind Ihnen beim Spaziergang im Wald schon einmal die sogenannten «Bonsai-Buchen» aufgefallen? Sie sind der Albtraum des Försters, der gerade und hohe Buchen nachziehen möchte. Die Urheber für dieses Phänomen sind die Rehe; sie verbeißen den Baumnachwuchs. Das kann so extrem sein, dass kaum noch ein Baum hochkommt und der Wald schließlich vergreisen würde. Deshalb ist es auch sinnvoll und notwendig, zu jagen, um die Rehpopulationen in einer verträglichen Größe zu halten.

Von manchen Stellen im Wald fühlen sich Rehe magisch angezogen, zum Beispiel einer kleinen Waldlichtung. Hier finden sie Nahrung und können sich sonnen. Mit der Zeit haben die Rehe viele der nachwachsenden Buchen an dieser Stelle immer und immer wieder angefressen, sodass aus ihnen keine großen Bäume mehr werden können. Sie verbleiben in «Bonsai»-Größe. Das ist der bekannte Verbiss (sog. Wildverbiss).

Im Grunde legen sich die Rehe hier durch den Verbiss einen Garten an, der genau ihren Bedürfnissen entspricht. Rehe sind sogenannte Konzentrationsselektierer. Das heißt, ihre Nahrung ist weniger reich an Pflanzenfasern

Abb. 12: «Bonsai-Buche», Wald bei Stuttgart, 10. April 2020

und Zellulose als etwa bei ihrem großen Verwandten, dem Rothirsch. Sie bevorzugen Nahrung, die reich ist an leicht verdaulichen Nährstoffen wie Zucker, Stärke und Proteinen. Die Rehe finden diese Nahrung vor allem in Knospen, Trieben, Blättern, Blüten, Kräutern und Eicheln. Sie vermehren also im Rehgarten das selbst, was sie besonders gerne fressen und brauchen, etwa Knospen, Triebe und zarte Blätter. Diese befinden sich genau in der Höhe, in der das Reh gerne äst. Dadurch, dass sich die Rehe an jenen Stellen konzentrieren und sich optimale Äsungsbedingungen geschaffen haben, finden sie hier reichlich Futter und müssen in der Umgebung nicht so viel äsen. Der Rehgarten schafft also Entlastung für die Umgebung, in der sich kaum oder sogar kein Verbiss findet. Das Reh gestaltet sich den Wald so um, dass es, lokal begrenzt, für sich optimale Bedingungen schafft. Damit soll nicht gesagt werden, diese Veränderung wäre ein bewusster Vorgang bei den Rehen. Lebensvorgänge sind grundsätzlich von unbewusster Natur. Das geschilderte Phänomen zeigt aber: Das Leben gestaltet sich seine Umgebung so um, dass sie ihm gemäß ist.

Beispiel 2: Der Bibersee

Noch vor wenigen Jahrzehnten galt der Biber in Deutschland als fast ausgestorben. Durch erfolgreiche Naturschutzmaßnahmen hat er sich erfreulicherweise wieder an vielen Stellen erfolgreich angesiedelt. Dies bemerken die Menschen vor Ort an seinen Aktivitäten. Auch dem unbedarften Spaziergänger kann schnell auffallen, dass es hier Biber geben muss.

Wenn der Biber rauschendes Wasser hört, regt ihn das an, einen Damm zu bauen. Dadurch wird die Fließgeschwindigkeit des Wassers herabgesetzt und die Uferlinie verlängert. So können an dem längeren Ufer mehr solche Bäume wachsen, die der Biber gerne frisst, zum Beispiel Weiden und Pappeln. Wird ein Baum vom Biber durch Nagen gefällt, dann fällt er meist ins Wasser, weil er am schrägen Ufer zum offenen Wasser hin geneigt ist. So muss er ins Wasser fallen. Jetzt kann der Biber die dünnen Zweige und deren Rinde fressen, die sonst weit oben über dem Erdboden unerreichbar für den Biber sind. Zudem bleiben die Zweige lange frisch, weil sie im Wasser liegen. Die Baumstümpfe treiben wieder aus, und so wächst jetzt in Reichweite des Bibers, wie in einer Art Plantage, seine optimale Nahrung: dünne, frische Zweige mit frischer Baumrinde. Auch hier verändert der Biber die natürliche Umgebung so, dass sie seinen Bedürfnissen gemäßer ist. Gleichzeitig ist das Wirken des Bibers positiv für den Wasserhaushalt der Landschaft.

Beispiel 3: Das Eichhörnchen als Förster

Im Herbst, wenn nicht nur die Äpfel und Birnen, sondern auch die Nüsse reif werden, legt sich das Eichhörnchen, das gerne Nüsse frisst, einen entsprechenden Vorrat für den Winter an. So wie viele Nagetiere sorgt es nicht – anders als etwa die Huftiere – für eigene Energiereserven in Form von körpereigenem Fett, sondern legt außerleibliche Energievorräte an. Dafür sammelt es Nüsse und vergräbt sie in der Nähe des Fundortes. Einige dieser Nüsse wird es im Laufe des Winters wieder finden und verspeisen. Viele Nüsse aber findet es nie wieder. Es pflanzt also de facto Nussbäume. Das hilft nicht nur dem Nussbaum, sich zu vermehren, sondern auch allen Lebewesen, die gerne von den Nüssen profitieren – natürlich ebenso den Eichhörnchen in der Zukunft.

Abb. 13: Feenkreise, Farm Sparwater, Namibia, 12. April 2023

Beispiel 4: «Feenkreise»

Ein weiteres interessantes Beispiel für eine aktive Umgestaltung der Umwelt ist die von dem Göttinger Ökologen Stephan Getzin jüngst veröffentlichte Lösung für die lange umrätselte Frage, wie die berühmten sogenannten «Feenkreise» entstehen.[18] Die Antwort ist so verblüffend wie einfach: Die Gräser der Gattung Stipagrostis verändern ihre abiotische Umwelt selbst so, dass sie besser leben können. Die stark wachsenden Gräser am Rande der «Feenkreise» saugen das Wasser aus dem Inneren der Kreise. Die Pflanzen im Kreis verdursten aufgrund der Konkurrenz der umgebenden Matrixgräser. Das ist ein eindrucksvolles Beispiel für pflanzliche Selbstorganisation. Denn die Gräser verteilen das wenige vorhandene Wasser um, sodass die Feuchtigkeit durch Diffusionsprozesse zu ihnen geleitet wird. Die Umgestaltung der Landschaft wird in Form der «Feenkreise» sichtbar.

18 Getzin et al. 2022.

Beispiel 5: Die Stummelschwanzsepia impft das Meer

In den Küstengewässern Hawaiis lebt eine winzige Tintenfischart, die Stummelschwanzsepia (*Euprymna scolopes*). Sie wiegt nicht einmal drei Gramm und ist nur etwa dreieinhalb Zentimeter lang. Der Winzling ist ein Meister der Tarnung. Tagsüber passt die Sepia sich mithilfe der Farbzellen in ihrer Haut sehr perfekt der Färbung ihrer Umgebung an. Damit aber die kleinen Tintenfische nicht von Robben oder anderen Raubtieren gefressen werden, gehen sie meist auf Nummer sicher und vergraben sich so im Sand, dass nur noch ihre beiden Augen herausschauen. Wenn der Abend kommt, gehen sie im Schutze der Nacht auf Jagd. Doch auch jetzt können sie von Räubern gesichtet werden, die unten lauern, denn ihr Körper zeichnet sich als dunkle Silhouette gegen das einfallende Licht von Mond und Sternen ab. In dieser Situation entzünden sie in zwei speziellen Leuchtorganen der Mantelhöhle schwache Lichter, die ihre Umrisse auflösen. Verändert sich das Himmelslicht, etwa weil sich eine Wolke davorschiebt, wird das Licht gedimmt. Dieses Phänomen ist von vielen anderen leuchtenden Meerestieren bekannt, die sich so nachts unsichtbar machen.

Das sogenannte kalte Licht wird nicht vom Tintenfischchen selber erzeugt, sondern von einem Bakterium (*Vibrio fischeri*). Diese Bakterien leben in den beiden Leuchtorganen wie in einem Stall und werden vom Tintenfisch ernährt. So weit so interessant. Wie aber bekommt ein frisch aus dem Ei geschlüpftes Stummelschwanztintenfischchen die Bakterien in seinen Bakterienstall in den Manteltaschen? Denn schon nach einem Tag leuchten die frisch geschlüpften Sepien wie die alten.

Was nun folgt, gehört zum Faszinierendsten, was die Symbioseforschung heute zu bieten hat. Bernhard Kegel schildert das in seinem wunderbaren Buch *Die Herrscher der Welt – Wie Mikroben unser Leben bestimmen*. Hier ein längerer Auszug seiner Darstellung, in der diese Prozesse anschaulich erläutert werden: «Um leuchten zu können, muss sich jede neugeborene Sepie selbst mit den Symbionten ausstatten, und sie beginnt damit, kaum dass sie aus ihrer Eihülle geschlüpft ist – ein Hinweis darauf, wie wichtig das nächtliche Tarnlicht für das Überleben der kleinen Tintenfische ist. Einfach ist dieser Erwerb nicht. In jedem Milliliter Meerwasser befinden sich zwar etwa eine Million Bakterien, doch nicht einmal 0,1 Prozent davon gehört der

Abb. 14: Stummelschwanzsepia *(Euprymna scolopes)*

Spezies Vibrio fischeri an, die keineswegs darauf angewiesen ist, zu Leuchtsymbionten eines kleinen Tintenfisches zu werden. Sie könnte genauso gut ein freies Leben im Wasser führen, muss also wohl eher eingefangen werden, als dass sie sich aktiv um einen Anschluss an Euprymna [den kleinen Tintenfisch] bemühen würde. Sepienbabys, die potentielle Bakterienpartner natürlich genauso wenig sehen können wie wir die zahllosen Mikroben auf unserer Handfläche, müssen also das Kunststück fertigbringen, wenige Nadeln in einem riesigen Heuhaufen ausfindig zu machen und diese an sich zu binden, gleichzeitig aber verhindern, dass sie von falschen, unter Umständen sogar gefährlichen Bakterien überschwemmt werden.

Die Leuchtorgane sind in ihrer Mantelhöhle schon angelegt und gewissermaßen betriebsbereit. Sie verfügen aber zusätzlich über eine Struktur, die älteren Sepien fehlt und nur dem Zwecke dient, zukünftige Symbionten aus dem Wasser zu fischen. Es handelt sich um zwei Epithelien, also um flächige Abschlussgewebe, die dicht mit Wimpern oder Cilien besetzt sind und in denen sich jeweils drei Poren befinden, durch die ein Gang ins Innere der Organe führt.

Die Atembewegungen der Sepien füllen die Mantelhöhle nun immer wieder mit frischem Wasser, und nur Sekunden nach dem Schlüpfen aus dem Ei beginnen auch die Wimpernfelder der Leuchtorgane zu schlagen und einen Wasserstrom in Richtungen der Poren zu erzeugen. Gleichzeitig produzieren die Epithelzellen einen Schleim, an dem Bakterien hängen bleiben. In jedem Organ sind es nur drei bis fünf Bakterienzellen, die sich schließlich, angetrieben von langen Geißeln, spermiengleich auf den Weg ins Innere machen und dabei mit Abwehrmaßnahmen des Wirtes zu kämpfen haben, der in jeder Phase der Kontaktaufnahme sicherstellen muss, dass hier nicht die Falschen versuchen, sich Zugang zu verschaffen. Geleitet werden sie von einem chemischen Gradienten, der sie schließlich acht bis zehn Stunden nach dem Schlüpfen der Sepien in die Krypten führt, wo sie die Geißeln abwerfen und sich dank optimaler Versorgung stark vermehren, um dort in Zukunft ihren nächtlichen Dienst zu verrichten. Was sie auch müssen. Denn Vibrio-Zellen, die aufgrund eines genetischen Defekts nicht in der Lage sind zu leuchten, werden nach spätestens zwei Tagen hinausgeworfen.

Doch auch wenn die Vibrio fischeri nach Kräften leuchten und ihren Wirt auf seiner abendlichen Jagd beschützen, tun die Sepien jeden Morgen in der Dämmerung etwas Erstaunliches: Sie stoßen bis zu 95 Prozent ihrer Symbiosepartner wieder aus. ... Trotzdem entsteht den Tieren kein Schaden. Mit Einbruch der Dunkelheit haben sich die in den Organen verbliebenen Bakterien wieder so oft geteilt, dass die Krypten prall gefüllt sind und leuchten.»[19]

Wenn die Sepien einzelne mutierte Bakterien, die nicht leuchten können, erkennen und ausstoßen, müssen wir den Eindruck bekommen, dass unsere gewöhnliche Unterscheidung in körpereigene Zellen und fremde Bakterienzellen nicht ganz sachgerecht ist, denn das Tier erkennt mutierte Bakterienzellen genauso wie mutierte körpereigen Zellen und bekämpft sie. *Die Zellen des Tintenfischs und diese Bakterien sind in Bezug auf das Leben ein Organismus. Das Leben kann verschiedene Zellen, die eigentlich zu unterschiedlichen Arten gehören, zu einem Organismus integrieren.*

Die Verhältnisse sind aber noch toller. Denn warum stoßen die Tintenfischchen jeden Morgen 95 Prozent der Bakterien wieder aus? Man hat herausgefunden, dass die Zahl der *Vibrio-fischeri*-Zellen mit zunehmendem

19 Kegel 2015, S. 145ff.

Abstand zu den Lebensräumen der Stummelschwanzsepien sinkt. Auch sind Bakterienzellen der Art *Vibrio fischeri*, die fern von den Lebensräumen dieses Tintenfisches leben, häufig unfähig, dieselben zu infizieren. Was also machen die Tintenfischwinzlinge? Sie impfen buchstäblich ihre Umgebung, das Meerwasser, mit den potenziellen Symbionten. Es ist wie beim Eichhörnchen, nur deutlich komplizierter. Das Bakterium hat etwas davon. Es wird im «Stall» beim Tintenfisch gehegt und gepflegt und vermehrt. Alle anderen Lebewesen, die etwas von dem Bakterium haben, profitieren davon und natürlich der Tintenfisch selbst. Die Tintenfische beeinflussen und verändern ihren Lebensraum und erweisen sich damit als Teil eines großen, für das Auge unsichtbaren, aber realen Lebenszusammenhanges in ihrem Ökosystem. Man könnte eben auch sagen: Sie sind Teil eines großen Superorganismus, den wir Erde nennen.

Lebewesen sind keine Einzelkämpfer. Wir hatten es schon gesagt: Ja, man muss auf die Umwelt eingehen können, wir nennen das Anpassen. Sonst kann man nicht existieren. Es ist aber auch so, dass bei allen fünf Beispielen die Umwelt von den Organismen verändert wurde. Sie haben ihre Umwelt jeweils so verändert, dass die Umwelt ihnen gemäßer ist. *Das Leben schafft sich erst die Umgebung, die es braucht, um gut selbst existieren zu können.*

Sind die fünf Beispiele nur interessante Spezialfälle des Lebens, oder sind wir einer allgemeinen Gesetzmäßigkeit auf der Spur? An den folgenden Phänomenen soll das oben schon Angedeutete noch genauer ausgeführt und beschrieben werden.

Ein sehr eindrucksvolles Beispiel dafür, dass sich ein Lebewesen erst einmal seine Umgebung selbst gestaltet, ist die frühe Embryonalentwicklung des Menschen. Ähnlich eindrucksvoll und noch überraschender ist die frühe Entwicklung des Lebens auf der Erde. Auch hier werden wir lernen: Das Leben gestaltet sich die Welt nach seinen Bedürfnissen um. Beides soll im Folgenden geschildert werden. Beides werden wir brauchen, um das Leben der Erde besser verstehen zu können.

Unsere frühe Kinderstube

Eine menschliche Eizelle wird befruchtet. Nach der ersten Zellteilung der befruchteten Eizelle sind zwei Zellen entstanden. Alle Zellen, die sich aus der einen Zelle bilden werden, werden in der Biologie *Embryoblast* genannt. Nur aus ihm wird sich der Embryo mit seinen Anhängen wie der Fruchtblase (Amnion), dem Dottersack und der embryonalen Harnblase (Allantois) bilden. Dieser Embryoblast entwickelt sich aber in den ersten Tagen nur geringfügig. Die Zellen also, aus denen das Kind werden wird, halten sich in der Entwicklung erst einmal zurück, so, als ob sie noch auf etwas warten würden. Das muss auf den ersten Blick merkwürdig erscheinen. Aus der zweiten Zelle wird sich der sogenannte *Trophoblast* bilden. Er ist es, der zunächst einmal vor allem wächst. Aus ihm gehen die äußeren Hüllorgane des Kindes während der Schwangerschaft hervor. Ohne diese Hüllen kann sich der Embryo nicht entwickeln. Sie bilden eine schützende Umgebung, eine Peripherie, in der sich das Zentrische, der Embryo, entwickeln kann. Aus dem Trophoblast entsteht also erst das äußere Hüllorgan für den Embryo, das wir Chorion nennen. Es hat zunächst überall Auswüchse, die Zotten. Diese Zotten nehmen Kontakt auf zur Uterusschleimhaut der Mutter. Das Chorion differenziert sich dann zur sogenannten Serosa (Chorion ohne Zotten) und zur konzentrischen Plazenta (mit Zotten), über die während der Schwangerschaft die Ernährung des Kindes abläuft. Am Anfang der Entwicklung ist die Ernährung des Embryos und damit der Kontakt zur Mutter noch ganz peripher und findet über das gesamte Chorion mit seinen Zotten statt. Sie werden dann überall zurückgebildet und zentrieren sich nur noch bei dem das Kind ernährenden Organ, der zentrischen Plazenta.

Man muss sich immer wieder klarmachen, dass neben dem Embryo selbst auch alle seine Hüllen (Trophoblast) aus kindlichem Gewebe besteht. Das heranwachsende Lebewesen, in unserem Fall der menschliche Embryo, das Kind, bildet sich zunächst einmal selbst eine Hülle, eine Peripherie, eine Umgebung. Diese Peripherie bildet und ermöglicht erst ein Milieu, in dem sich das Zentrische, der Embryo, entwickeln kann. *Das periphere Leben schafft die Umgebung, die das zentrische Leben braucht.*

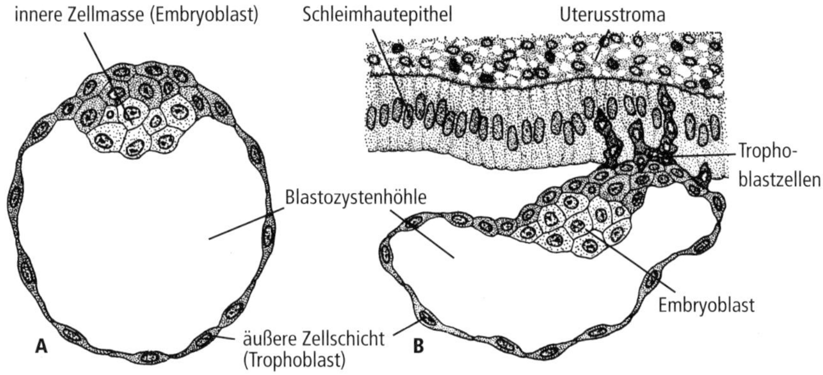

Abb. 15: Menschlicher Keim. A: 4,5 Tage alt. B: Einnistung in die Uterusschleimhaut

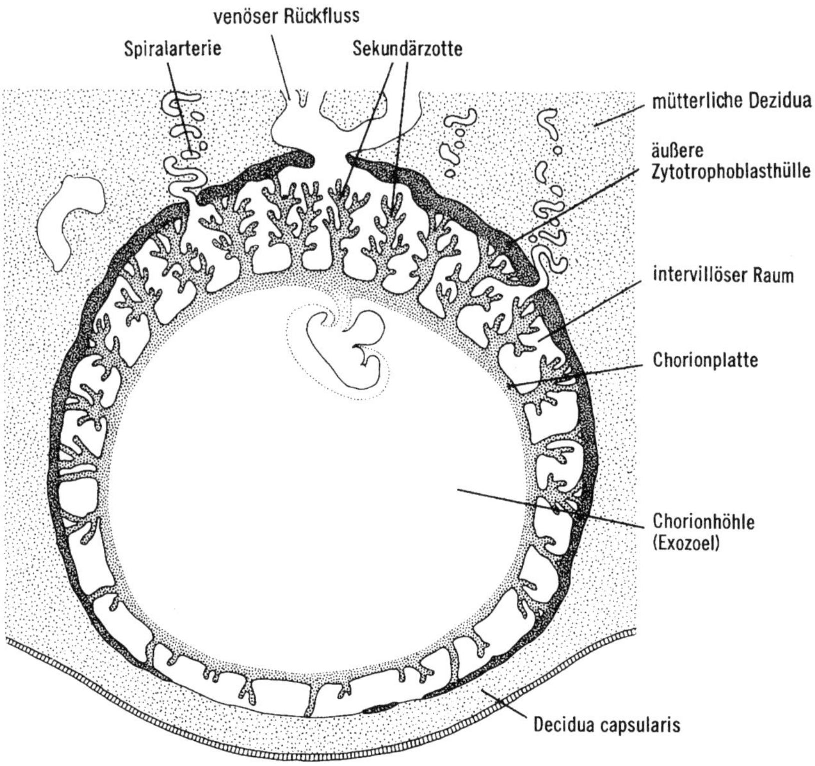

Abb. 16: Keimblase des Menschen, etwa 30 Tage alt (Durchmesser ca. 3 cm)

Ich und Du – Mensch und Umwelt

In unserem normalen Alltag erleben wir die Welt so, dass wir auf der einen Seite uns und unseren Leib wahrnehmen, und auf der anderen Seite gibt es da draußen das, was wir Umwelt nennen. Sie besteht aus den Gesteinen, der Erde (Humus), dem Wasser und der Luft. Außerdem gibt es die von uns getrennt lebenden Lebewesen. Wie ist das Verhältnis von uns und der Umwelt? Wie getrennt sind wir voneinander oder wie sehr leben wir zusammen, ohne das zu bemerken?

Schauen wir auf unseren eigenen Leib, dann muss man sagen: Wir sind ein ganzes Ökosystem. Denn wir leben mit Bakterien, Viren und Pilzen in einer Gemeinschaft eng zusammen. Heute fassen wir die Gesamtheit aller mikrobiellen Spezies, die unseren Körper innen und außen besiedeln, mit dem von Joshua Lederberg schon 2001 geprägten Begriff *Mikrobiom* zusammen.[20] Dieser Begriff erfährt in der Medizin und der Biologie eine immer größere Bedeutung. Ohne eine reiche Bakterienwelt im Verdauungstrakt könnten wir nicht verdauen. So befinden sich etwa 1000 bis 2000 unterschiedliche Bakterienarten in unserem Stuhl, das sind im ganzen Verdauungstrakt im Normalfall 1 bis 2 Kilogramm. Das alles wissen wir schon lange.

Die neuere Forschung sagt uns jetzt aber, dass die Gesamtheit unseres Körpers zwar aus 10^{13} Zellen besteht. Zehnmal so viele Zellen (10^{14}) leben aber als Mikroben in uns. Dieser Sprung in der Hochzahl von 13 auf 14 bedeutet, dass nur etwa 10 Prozent unserer Zellen wirklich menschlich sind. Wir sind also, könnte man sagen, in der Minderheit. Die Schwierigkeit in der Erforschung dieser Welt war bisher, dass viele dieser Mikroben so klein sind, dass man sie lange nicht bemerkt hat. Viele kann man bis heute nicht im Einzelnen wahrnehmen oder nachweisen, sondern nur in ihrer Gesamtheit. Dabei handelt es sich um die unterschiedlichsten Mikroben:

- Es leben allein in unserem Darm 1000 bis 2000 *Bakterienarten,* einzellige einfache Zellen ohne Zellkern.
- Dann muss man eine noch unbekannte Menge von *Archaeen* hinzunehmen, die neben den Bakterien und den Organismen mit modernen Zellen

20 Mölling 2015, S. 115f.

eine eigene dritte Gruppe bilden; wir kennen sie vielfach von extremen Lebensräumen (heiße Quellen, Salzseen, Eis).

- Daneben gibt es noch die *Pilze.* In der Medizin kennen wir heute etwa 1000 Pilztypen, die im Menschen vorkommen. In Wirklichkeit gibt es weit über eine Million verschiedener Pilztypen. Vermutlich leben in uns noch wesentlich mehr Pilzarten, die wir aber noch nicht kennen.
- Die Zahl der *Virenarten,* die im Menschen vorkommen, lässt sich lediglich schätzen. 500 verschiedene Formen kennen wir allein aus dem Darm, vielleicht sind es 1000 oder 5000 oder sogar mehr, wir wissen es noch nicht. Wir unterscheiden in Viren mit einer Erbsubstanz aus DNA und Viren mit RNA als Erbsubstanz (Retroviren). Viren weisen eine Proteinhülle auf.

Die nächsten beiden Gruppen wollen wir mit Karin Mölling zu der Gruppe der Viren zählen und damit zu den Mikroben:

- Neben den genannten Viren gibt es auch Viren ohne Gene, also ohne Erbsubstanz: die *Prione.* Sie gelten als Erreger des Rinderwahnsinns (BSE = Bovine Spongiforme Enzephalopathie), aber auch von Creutzfeld Jacob Desease (CJD) beim Menschen und Scrapie bei Schafen. Sie treten aber nicht nur als Erreger auf. Zu jedem Organismus gehören normale Prionproteine. Sie spielen besonders bei der Entwicklung des Gehirns eine Rolle. Prione können eben beides: Anteil an der gesunden Entwicklung des Gehirns haben – und krank machen, wenn sie falsch gefaltet sind, also eine für die gesunde Gehirnentwicklung unbrauchbare räumliche Struktur haben.
- Und schließlich gibt es noch *Viroide,* das sind Nukleinsäuren ohne Proteine, zum Beispiel nackte RNA.

Alle diese Lebewesen und lebendigen Strukturen leben in und auf uns, so wie sie in und auf der Erde leben.

Dabei macht ein Blick auf die genetische Information allein der Bakterien, die uns besiedeln, das Ausmaß dieses Ökosystems deutlich. Die genetische Information der Bakterien eines menschlichen Organismus beträgt das 100- bis 250-fache der eigentlichen genetischen Information des Erbgutes in unseren Zellen. Wir haben etwa 22.000 Gene. Wenn man das mit 100 oder 250 multipliziert, dann ergibt das mehrere Millionen Gene. Sie alle haben ein

«Mitspracherecht». Das bedeutet, dass nur etwa 0,5 Prozent der DNA in dem Ökosystem aus Mensch und Mikroorganismen vom Menschen stammen. Die Ergebnisse der neueren Forschung sind atemberaubend.

Die uns besiedelnden Mikroben sind in aller Regel «unsere Freunde». Ja, wir können ohne sie gar nicht existieren. Es gäbe uns so, wie wir sind, gar nicht. Wir gleichen darin als Organismus der Erde, die auch von unzähligen Mikroben und Lebewesen besiedelt ist. Der ganze Mensch ist eine Miniatur-Erdenwelt. Wie das Zusammenspiel zwischen Mensch und Mikroben aussieht, wird in Kapitel 9 noch ausführlicher behandelt werden (S. 140ff.).

Es soll nicht verschwiegen werden, dass es natürlich auch Mikroben gibt, mit denen sich unser Immunsystem auseinandersetzen muss. Ein drastisches Beispiel ist das aktuell auftretende Corona-Virus. Es stammt vermutlich aus einem Weltbereich, zu dem wir normalerweise nur geringen Kontakt haben. Indem wir Natur zerstören, kommen wir immer wieder in Berührung mit neuen, uns bisher unbekannten Viren. Daher werden wir in Zukunft noch mehr Pandemien haben. Dort, wo Mikroben Krankheiten auslösen können, gilt es, sehr aufmerksam zu sein und entsprechende medizinische Maßnahmen zu ergreifen. Auch das Impfen ist eine wichtige Möglichkeit, die Gesundheit zu erhalten (siehe dazu das Kapitel 8, «Die Corona-Krise als Brennglas aktueller Probleme», S. 131ff.).

Die Beziehung des menschlichen Organismus zu den Mikroben geht evolutiv gesehen nun weit über die gerade beschriebene Besiedelung des menschlichen Organismus durch Mikroben hinaus. Heute sind einige Fälle bekannt, in denen ziemlich sicher evolutiv Erbgut von Mikroben und Viren in das Erbgut der Menschen und seiner Vorläufer eingeschleust wurde. Dies betrifft zum Beispiel das Erbgut, das in einem Teil der Plazenta der Säugetiere aktiv ist. Eigentlich ist es ein Wunder, dass eine Schwangerschaft stattfinden kann, denn durch die Befruchtung kommt väterliches, also fremdes Eiweiß in den Körper der Eizelle, was sofort abgestoßen werden müsste. Somit ist auch die befruchtete Eizelle bzw. der werdende Embryo fremdes Eiweiß im Körper der Mutter. Als die Säugetiere entstanden sind, kam aus der damaligen begleitenden Welt der Viren genetisches Material von einem Virus, genauer von einem Retrovirus, in unsere frühen Vorfahren. Wir nennen das horizontalen Gentransfer. Dadurch kann das Immunsystem der Mutter tolerant gegenüber dem Wachsen des Embryos in ihrem Körper sein. (Das Hüllprotein Env eines defekten endogenen humanen Retrovirus HRV_W wurde Bestandteil der Plazenta des Menschen, genauer des vielkernigen Syncytien-Trophoblasten, und induzierte eine lokale Immunschwäche.) Wir haben durch das Retrovirus das Stadium des Eierlegens, wie wir es etwa bei den Reptilien, Vögeln und Schnabeltieren vorfinden, überwunden.

Hier ist also Erbgut von Viren voller Bestandteil des Erbgutes der Säugetiere geworden. Dies ist ein Beispiel unter vielen. Bei genauerem Hinsehen ist es verblüffend, aber Sie ahnen es jetzt schon: Der Großteil der Information in unserem Genom (Gesamtheit aller Gene) stammt aus der uns peripher umgebenden und mit uns lebenden Welt der Mikroorganismen, also von Bakterien, Pilzen und Viren. «Etwa 10 bis 20 Prozent unserer Erbmasse sind identisch mit der von Bakterien, und fast 50 Prozent unseres Erbgutes besteht aus Retroviren oder retrovirusähnlichen Elementen, 5 Prozent stammen aus Genen von Pilzen. Es kommen sicher auch Gene von Archäen hinzu. Einige Gene sind noch nicht zugeordnet. Wir sind alle Verwandte, ‹Brüder und Schwestern› – alle Lebewesen.»[21] Mindestens 80 Prozent unseres Erbgutes stammt also von Mikroorganismen. Wir finden diese Gene von Viren nicht nur in unserem Erbgut, sondern in mehr oder weniger gleicher Weise in allen Genomen von allen Arten: im Huhn genauso wie in der Maus, im Schnabeltier, im Regenwurm, in Pilzen, in Pflanzen, überall.

Wie sind wir zu unserem Erbgut gekommen und mit uns alle anderen Arten mit derart ähnlichen Genomen? Wir sind dazu durch einen gemeinsamen Ursprung gekommen und dann eben durch Gentransfers und durch Infektionen. Virusinfektionen können für das Erbgut evolutiv gesehen große Innovationsschübe bringen.

Wie sah also dieser gemeinsame Ursprung aus? Wir müssen uns den Beginn des Lebens so vorstellen, dass es zunächst freie RNA (Viroide) und Viren gab. Karin Mölling schlägt in ihrem eindrucksvollen Buch *Supermacht des Lebens – Reisen in die erstaunliche Welt der Viren* vor, den Begriff Virus

21 Mölling 2015, S. 158f.

viel weiter zu fassen als in den üblichen Lehrbüchern.[22] Damit blicken wir auf den Beginn des Lebens. Dann gibt es:

- Viren, die nur aus Protein bestehen *(Prione)*
- Viren mit DNA und Hüllproteinen *(Viren)*
- Viren mit RNA und Hüllproteinen *(Retroviren)*
- Viren, die nur aus RNA bestehen *(Viroide)*

Zu den Viroiden gehören die *Ribozyme*, die der amerikanische Chemiker und Nobelpreisträger Tom Cech entdeckt hat. Sie sind das erste biologisch aktive Molekül, das sich selbst vermehrt und sich im Zuge der Evolution verändern und Neues hervorbringen (evolvieren) kann.[23] Mit ihnen beginnt möglicherweise das Leben.

Da es kein Lebewesen ohne Viren oder Virusreste im Genom gibt, müssen sie von Anfang an dabei gewesen sein. Im Moment erscheint es sehr wahrscheinlich, dass mit der freien RNA (Viroide) und den Viren im engeren Sinne der Beginn des Lebens in einem Zusammenhang steht. Aber es ist immer noch so, dass dieser Anfang von Leben in ein geheimnisvolles Dunkel gehüllt ist.

Diese Lebewesen der frühen Gewässer der Erde (freie RNA [Viroide], Viren, Bakterien, Archäen), sind ja genau genommen, wenn wir den Gedanken der Evolution ernst nehmen, unsere Vorfahren in urferner Vergangenheit. Alle diese frühen Mikroben bilden die erste periphere Lebenshülle der Erde und damit über eine sehr lange Zeit die Urlebenssphäre der Erde (vgl. die Grafik zur Erdgeschichte am Ende des Buches). Diese Mikroorganismen haben, bedingt durch ihre geringe Größe, fast kein Volumen, aber proportional dazu sehr viel Oberfläche! In diesem Sinne sind sie fast nicht zentrisch, sondern eben Teil einer noch peripher bleibenden Lebenssphäre der Erde.

Diese Urlebenssphäre existiert schon seit etwa vier Milliarden Jahren auf der Erde, wie wir heute nachweisen können. Für einen sehr langen Zeitraum von über drei Milliarden Jahren sind die frühen Mikroben im Wesentlichen die einzigen Lebewesen auf der Erde, das heißt, das Leben auf der Erde verbleibt lange Zeit in dieser peripheren Form.

22 Mölling 2015, S. 280.

23 Mölling 2015, S. 278ff.

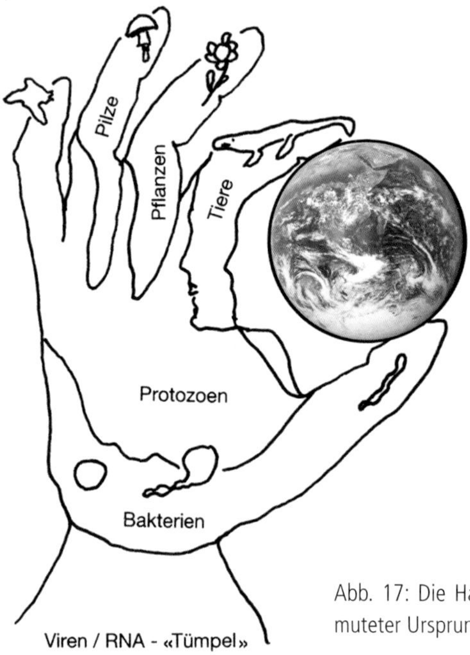

Abb. 17: Die Hand der fünf Organismenreiche und ihr vermuteter Ursprung (nach Margulis und Mölling)

Es muss dann so gewesen sein, dass die Mehrzelligkeit im Laufe der Evolution mehrmals entstanden ist. Komplexere Mehrzeller treten möglicherweise erstmals vor 2,1 Milliarden Jahren auf (Gabonionta: diese bis 17 cm großen Strukturen wurden 2008 in Gabun in Westafrika entdeckt; ob es sich wirklich um Mehrzeller handelt, ist umstritten). Erst mit dem Auftreten der sogenannte Ediacarafauna zwischen 580 und 540 Millionen Jahren erscheinen die ersten gesicherten echten Mehrzeller.[24] Mit dem Beginn des Kambriums vor etwa 541 Millionen Jahren kommt es zur sogenannten kambrischen Explosion, bei der innerhalb weniger Millionen Jahre vermutlich alle heutigen Tierstämme auftauchen – bis heute ein rätselhafter Vorgang.

Aus der peripheren Lebenssphäre der Erde heraus bilden sich die mehrzelligen Organismen. So könnte man auch sagen: Aus dieser ersten Körperlichkeit des Lebens werden dann erst sehr spät die Mehrzeller und nochmals sehr viel später, vor etwa sieben Millionen Jahren, schließlich auch der Mensch gebildet.

24 Rothe 2002.

Mit der Mehrzelligkeit wird das Leben zentrischer: Es verkleinert seine Oberfläche proportional zum Volumen. Außerdem lernen die Lebewesen immer besser unabhängig, autonomer von der Umwelt zu werden. Diese Entwicklung skizziert Bernd Rosslenbroich in seinem wichtigen Buch *Entwurf einer Biologie der Freiheit*.[25]

Das Verhältnis Erde – Umwelt

Die frühe Entwicklung des Lebens und der Erde

Wie hat sich das Klima auf der Erde entwickelt? Wir müssen uns die Verhältnisse auf der Erde in der ersten Zeit ihrer Existenz sehr extrem und sehr unwirtlich vorstellen. Es herrschten wahrhaft infernalische Zustände. Die Atmosphäre war erfüllt von giftigen Gasen, zum Beispiel CO_2, Asche und Ruß. Sie verdunkelten die damals noch schwachen Sonnenstrahlen. Es gab noch sehr viele Gesteinstrümmer in der Umgebung der Erde. Sie waren bei der Entstehung des Sonnensystems übrig geblieben und bombardierten ständig die Erde. Das gespenstische Zwielicht wurde häufig von Lichtblitzen aufgehellt, wenn diese Gesteine in die für alles Leben giftige Atmosphäre eindrangen und verglühten. Die Erde drehte sich rasend schnell um sich selbst. Der Tag dauerte nur fünf bis sechs Stunden.

Die Lage beruhigt sich vor etwa vier Milliarden Jahren. Die Erde war, bis auf ein paar Vulkaninseln, vollständig von Wasser bedeckt. Das Meer war außer Rand und Band. Der viel nähere Mond hatte eine deutlich stärkere Wirkung auf die riesigen Wassermassen der Ozeanbecken und ließ das Meerwasser mit der Gewalt von Tsunamis hin und her schwappen. Die untermeerische Erdkruste war von großen Brüchen durchzogen, das aufquellende Magma ließ das Meer stellenweise aufkochen. Es war eine fiebrige, rastlose Welt ohne Gleichgewicht. Trotz dieser albtraumhaften Zustände ergriff das Leben die physischen Stoffe auf der Erde. Wie genau, das ist noch im geheimnisvollen Dunkel verborgen. Die erste Stofflichkeit, die vom Leben erfasst wurde, sind wahrscheinlich die erwähnten Viroide und Viren.

25 Rosslenbroich 2018b.

Abb. 18: Weißer Raucher des untermeerischen Vulkans Eifuku (Japan)

Vermutlich lag die Wiege des Lebens in der Tiefsee. Dies beschreibt Bernhard Kegel in seinem bereits erwähnten interessanten Buch *Die Herrscher der Welt*. Schon bei der Entstehung des Lebens spielte die Bewegung der Erdplatten, die Plattentektonik, eine Rolle. Unmittelbar über den Magmakammern bildeten sich die sogenannten «Schwarzen Raucher», an denen etwa 400 °C heißes Wasser austrat. Einige Kilometer davon entfernt gab es kühlere hydrothermale Quellen. Hier entstanden bis zu 60 Meter hohe Schlote, die sich aus Silikaten, Karbonaten und eisenhaltigen Gesteinen bildeten; dies waren schwammartige Gesteinsbildungen. Die oben geschilderten infernalischen Verhältnisse sterilisierten geradezu die noch unter Wasser gelegene Oberfläche der Erde.

In der Tiefsee, geschützt vor den lebensfeindlichen Vorgängen an der Erdoberfläche, bildeten sich möglicherweise die ersten Lebensformen, weil hier die schwammartigen Mikro-Hohlräume der Schlote die notwendigen «peripheren» Bedingungen boten, die das Leben braucht.

Mit der Entstehung von erstem Leben auf der Erde vor etwa 4 Milliarden Jahren (d.h. 4000 Millionen Jahren) entstanden dann auch Bakterien. Dies können wir für die Zeit ab etwa 3,8 Milliarden Jahren nachweisen. Diese Bakterien konnten schon Fotosynthese betreiben und bildeten ersten molekularen Sauerstoff. Was geschieht nun, wenn ein auf der Erde bis zu diesem Zeitpunkt weitgehend unbekanntes, sehr reaktionsfreudiges Gas in die Welt kommt? Das können wir uns kaum dramatisch genug vorstellen. Das Wasser der Ozeane war erfüllt mit reduzierten Schwefelverbindungen und Eisen-II-Ionen und anderen Verbindungen, die sofort mit dem neuen Gas reagierten. «Etwa 57 Prozent des Sauerstoffs wurde in Eisenverbindungen, z.B. Hämatit (Fe_2O_3) oder Magnetit (Fe_3O_4), gebunden, die als gebänderte Eisenerze sedimentierten. Und etwa 38 Prozent des Sauerstoffs wurde in Schwefelverbindungen gebunden.»[26] Nur 4 Prozent des gebildeten Sauerstoffs standen zunächst der Atmosphäre tatsächlich zur Verfügung. So wurde der heutige Sauerstoffwert erst vor etwa 350 Millionen Jahren im Erdzeitalter des Karbon erreicht.[27] Außerdem entstand durch die Reaktion mit dem vielen Kohlendioxid der Uratmosphäre mit Calcium und Magnesium der Dolomit (Calcium-Magnesium-Carbonat). Dadurch wurde viel Kohlendioxid aus der Uratmosphäre genommen. Erst im Kambrium traten reine Kalksteine in nennenswertem Umfang auf.[28] Außerdem sind es die Bakterien und Einzeller selbst, die zur Gesteinsbildung direkt beitragen oder sie begünstigen, wie etwa bei Bändereisenerzen, beispielsweise in Australien oder bei der Entstehung der Stromatolithen oder von Kalken. Diese Kohlenstoffeinlagerungen sind ganz direkt biogenen Ursprungs.[29]

26 Schad, A. 2019, S. 178f.

27 Storch u.a. 2013, S. 88f.

28 Storch u.a. 2013, S. 94f.

29 Linnemann u. Hofmann 2015, S. 19f.

Abb. 19: Präkambrisches Grundgebirge, Remhoogte Pass, Namibia, 12. April 2023
Abb. 20: Ausklingendes Präkambrium, Fish-River, Namibia, 22. März 2008

Es ist also zunächst einmal die *Bildung der Gesteine,* die dazu führt, dass sich auf der Erde günstigere Bedingungen für das Leben entwickeln. Wasser und Luft werden «gereinigt».

Auch müssen wir bedenken, dass sich ohne Sauerstoff keine Ozonschicht bilden kann. Die Ozonschicht ist aber unabdingbare Voraussetzung dafür, dass Lebewesen die Oberfläche unseres Planeten besiedeln können. Das Ozon schützt das Leben vor der ultravioletten Strahlung aus dem All. Außerdem gäbe es ohne Ozon bald kein Wasser mehr auf der Erde. Denn die ultraviolette Strahlung spaltet Wasser in Wasserstoff und Sauerstoff. Der leichtflüchtige Wasserstoff entweicht ins All. Der Sauerstoff würde dagegen, wie oben geschildert, mit Eisen, Schwefelwasserstoff oder Methan reagieren. Am Schluss würden leere, staubtrockene Ozeanbecken zurückbleiben. Ein Hoch also auf den Sauerstoff!

Das ganze Präkambrium über (das ist ein Zeitraum von über drei Milliarden Jahre; vgl. die Tabelle am Ende des Buches) gestalten die Mikroben die Erde um. Mithilfe der Gesteinsbildung werden der Chemismus und die Temperaturen auf der Erde «in Ordnung» gebracht, bis sich stabilere chemische Lebensbedingungen einstellen.

Ja, wir müssen sogar sagen: Es gibt keine sterilen Räume auf der Erde. In einem Gramm Humus befinden sich ungefähr eine Milliarde Keime, in einem Teelöffel Meerwasser immerhin noch eine Million. Auch die normale Luft ist erfüllt von Keimen. In eintausend Liter Luft finden sich je nach den konkreten Umständen zwischen eintausend und einer Million Keime. Aber auch Regen, Hagel oder Schnee sind nicht steril. Ein Milliliter Regenwasser enthält um die 1700 Keime.[30] Kein Lebensraum ist zu unwirtlich, als dass man dort nicht existieren könnte. Wir kennen die sogenannten thermophilen Bakterien, die in den über 100 °C heißen Quellen am Meeresgrund problemlos leben können. Das Bakterium *Picrophilus toridus* lebt in Vulkanböden der japanischen Insel Hokkaido nicht nur bei 60 °C, sondern sogar bei einem pH-Wert von 0,7. Verdünnte Schwefelsäure würde unsere Haut bei einem solchen pH-Wert schwer verätzen. Aus einem viele Millionen Jahre alten Salzkristall hat man Bakteriensporen wieder zum Leben

30 Curtis u. Sloan 2004, S. 221ff.

Abb. 21–24: Stein, Pflanze, Tier und Mensch.
21: Amethyst. 22: Frühlingsblumen im Garten (Stuttgart, 24. Februar 2020). 23: Elefanten und Springbock (Namibia, 30. August 2015). 24: Szene in Hyderabad (Indien, 6. Mai 2011)

erweckt.[31] Sogar an der Außenwand der Internationalen Raumstation, der ISS, haben Bakterien 500 Tage bei extremer Strahlung, Vakuum und extremen Schwankungen der Temperatur überlebt. Die Mikroorganismen haben die besondere Fähigkeit, mit praktisch allen physischen Bedingungen nicht nur zurechtzukommen, sondern sie helfen den anderen Organismen dadurch zu leben. Sie sind der Vermittler zwischen der physischen Materie und dem Leben.

In einem zweiten Schritt tragen zusätzlich zu der weiter stattfindenden Gesteinsbildung auch die einzelligen Algen und später dann die mehrzelligen *Pflanzen* dazu bei, dass die Lebensverhältnisse auf der Erde günstig werden für das Leben höherer Pflanzen und danach auch der höheren Tiere. Die Pflanzenwelt hat die Lebensvorgänge «verinnerlicht». Nur in der Blüte scheint eine seelische Qualität die Pflanze schon umkreishaft zu berühren. Die *Tiere* haben das Seelische als eine eigene Innerlichkeit. Erst der *Mensch* kann das Seelische bändigen, sodass er eine eigene, individuelle Würde hat. *Wir verdanken unsere Existenz in ungeahnter Weise sehr konkret der peripheren Lebenshülle der Erde, so wie sich der Embryo seinen Hüllorganen, dem Trophoblasten, verdankt. Und wir verdanken uns den Gesteinen, den Pflanzen und den Tieren.*

Bis vor Kurzem hat man es schon für eine große Erkenntnis gehalten, wenn man sagt: *Der Mensch ist Teil der Natur, Teil der Ökosysteme.* Das stimmt. Wer wollte das bezweifeln. Heute können wir aber mithilfe der neuesten Forschungsergebnisse auch sagen, dass der Satz ebenso umgekehrt gilt: *Die Natur ist Teil des Menschen.* Wir können die Natur mit dem eben Dargestellten als einen ausgebreiteten Menschen verstehen. Die Natur ist ein ausgebreiteter Mensch. Das heißt auch: Wenn wir die Natur zerstören, dann zerstören wir uns selbst in einem viel konkreteren Sinn, als wir das bisher geahnt haben.

31 Vreeland et al. 2000, S. 897ff.

Abb. 25: Untergehende Sonne, Namibrand, Namibia, 4. September 2017

Abb. 26: Sonnenfinsternis über dem Atlantik, Swakopmund, Namibia, 14. Dezember 2020

Erde und Kosmos

Wie wir am Anfang dieser Schrift schon bemerkt haben, blicken wir am Himmel immer in die Vergangenheit. Je weiter weg sich die Sterne befinden, umso größer ist die Zeittiefe. Wir sehen daher das Universum niemals in seiner Gleichzeitigkeit, sondern in der Entfernung immer in einer zeitlichen Schichtung. Dort, wo wir die Sonne erblicken, war sie vor acht Minuten. Den nächsten Fixstern sehen wir in einem Zustand von vor vier Jahren, unsere nächste Galaxie und Zwillingsmilchstraße wie vor zwei Millionen Jahren. Die fernsten Galaxien, von denen unsere Fernrohre Licht empfangen, sehen wir in einem Zustand, wie er vor vielen Milliarden Jahren war. Wir wissen nicht einmal, ob sie heute noch existieren.

Eigentlich sehen wir beim Blick an den Himmel die Evolution des Kosmos.[32] So wäre es auch für die Bewohner ferner Körper, wenn sie auf die Erde schauen würden. Ein solcher Bewohner etwa auf dem nächsten Fixstern, Proxima Centauri, würde die Vorgänge während der letzten Bundestagswahl vor gut vier Jahren beobachten können. Ein Bewohner auf dem Androme-

32 Bargatzky 1978, S. 219ff.

Abb. 27: Jeder Punkt in diesem Bild zeigt die Position einer Galaxie vor 6 Milliarden Jahren. Das Bild umfasst etwa ein Zwanzigstel des Himmels und zeigt 48.741 Galaxien. Graue Flecken sind kleine Regionen ohne Daten. Die Farbe ist ein Maß für die Entfernung von der Erde, von Gelb für Galaxien auf der uns zugewandten Seite der Scheibe bis Lila auf der weiter entfernten Seite. Es gibt «Galaxienklumpen» und Hohlräume dazwischen.

danebel würde die Erde vom Homo habilis bewohnt sehen – immerhin. Ein Beobachter auf einem drei Milliarden Lichtjahre entfernten Fixstern würde sehen, dass die Erde leider nur von ersten Bakterien bewohnt ist, und ein Bewohner eines acht Milliarden Lichtjahre entfernten Sternes würde nach der Erde vergebens suchen.

So sind wir eingebettet in diese verschiedenen zeitlichen Ebenen des Kosmos, die gleichzeitig von der Entwicklung des Kosmos erzählen, von seiner Evolution. Also hat auch der Kosmos eine Evolution durchgemacht, von der wir allerdings noch sehr wenig wissen. Das obige Bild zeigt uns etwas von der zeitlichen und räumlichen Dimension des Kosmos.

Die Größenverhältnisse des Kosmos sind sehr schwer vorstellbar. Damit wir uns dennoch die Dimensionen des Weltalls etwas besser klarmachen und in Relation zueinander setzen können, sind im Folgenden als Hilfsmittel drei «Weltmodelle» in verschiedenen Maßstäben (planetarisch, galaktisch, extragalaktisch) wiedergegeben, die die jeweiligen Entsprechungen zueinander zeigen. Würden wir die tatsächlichen Größen und Entfernungen entweder durch 1 Milliarde (planetarischer Maßstab), durch 1 Billiarde (galaktischer Maßstab) oder 1 Trilliarde (extragalaktischer Maßstab) teilen, hätten wir die Relationen, wie sie in den drei Tabellen angegeben sind. Und umgekehrt: Die Größenverhältnisse müssen wir mit den drei Maßstabswerten malnehmen, damit die Zahlen die tatsächlichen Entfernungen wiedergeben.

Modell I: planetarischer Maßstab (1:1000 Millionen)

Durchmesser der Sonne:	großer Ballon (1,4 m Ø)
Durchmesser des Jupiters:	große Pampelmuse (16 cm Ø) im Abstand von 777 m von der Sonne
Durchmesser der Erde:	Größe einer Kirsche (1,3 cm Ø) im Abstand von 150 m von der Sonne
Durchmesser des Mondes:	Größe einer kleinen Erbse im Abstand von 40 cm um die Erde
Entfernung des nächsten Fixsterns (Proxima Centauri):	40.000 km
Durchmesser der Milchstraße:	1000 Millionen km
Lichtgeschwindigkeit:	30 cm/Sekunde

Modell II: galaktischer Maßstab (1:1000 Billionen)

Durchmesser der Sonne:	0,0014 mm
Durchmesser des Jupiters:	0,0001 mm im Abstand von 1 mm von der Sonne
Durchmesser des Sonnensystems:	so groß wie eine Kirsche
Entfernung des nächsten Fixsterns (Proxima Centauri):	40 m
Durchmesser der Milchstraße:	1000 km
Lichtgeschwindigkeit:	0,003 mm/Sekunde

Modell III: extragalaktischer Maßstab (1:1000 Trillionen)

Durchmesser der Erde:	10^{-12} m
Durchmesser der Milchstraße:	1 m
Entfernung des Andromedanebels:	24 m
Entfernung aller weiteren bekannten Spiralnebel:	bis zu 100 km von der Milchstraße
Lichtgeschwindigkeit:	1 mm in 100 Jahren

Die Stellung der Erde im Sonnensystem

Die Erde läuft auf einer kreisnahen Ellipse um die Sonne. Dadurch gibt es auf ihrer Bahn eine sonnennächste Stelle (Perihel) und eine sonnenfernste Stelle (Aphel). Im Perihel wird die Erde also von der Sonne stärker bestrahlt und im Aphel schwächer. Im Moment durchläuft die Erde ihr Perihel (Sonnenabstand 147 Millionen km) im Winter, am 2. Januar. Die Winter sind folglich auf der Nordhalbkugel durch die größere Sonnennähe abgemildert. Das Aphel (Sonnennähe 152 Millionen km) im Sommer am 2. Juli ist dadurch weniger heiß. Die Verhältnisse auf der Südhalbkugel sind entsprechend umgekehrt. Hier ist aber viel mehr Wasseroberfläche im Verhältnis zum Land (9:1) als auf der Nordhalbkugel (3:1). Die Verschärfung der jahreszeitlichen Gegensätze kann auf der Südhalbkugel also viel besser ausgeglichen werden.[33] Die Verhältnisse auf der Nord- und der Südhalbkugel zeigen die Tendenz des Lebens, die Extreme zu vermeiden und mildere Verhältnisse zu ermöglichen.

Die Stellung des Sonnensystems im Kosmos

Claudius Ptolemäus (100–160 n. Chr.) lehrte noch in seinem berühmten Buch *Almagest*, dass die sogenannten Fixsterne die immer gleiche Lage zueinander haben. 1718 entdeckte der englische Astronom Edmund Halley (1656–1742), dass die Fixsterne gar nicht fix sind, sondern winzige Bewegungen machen, so auch unsere Sonne mit all ihren Planeten. Für die Erde

33 Schad, W. 2023.

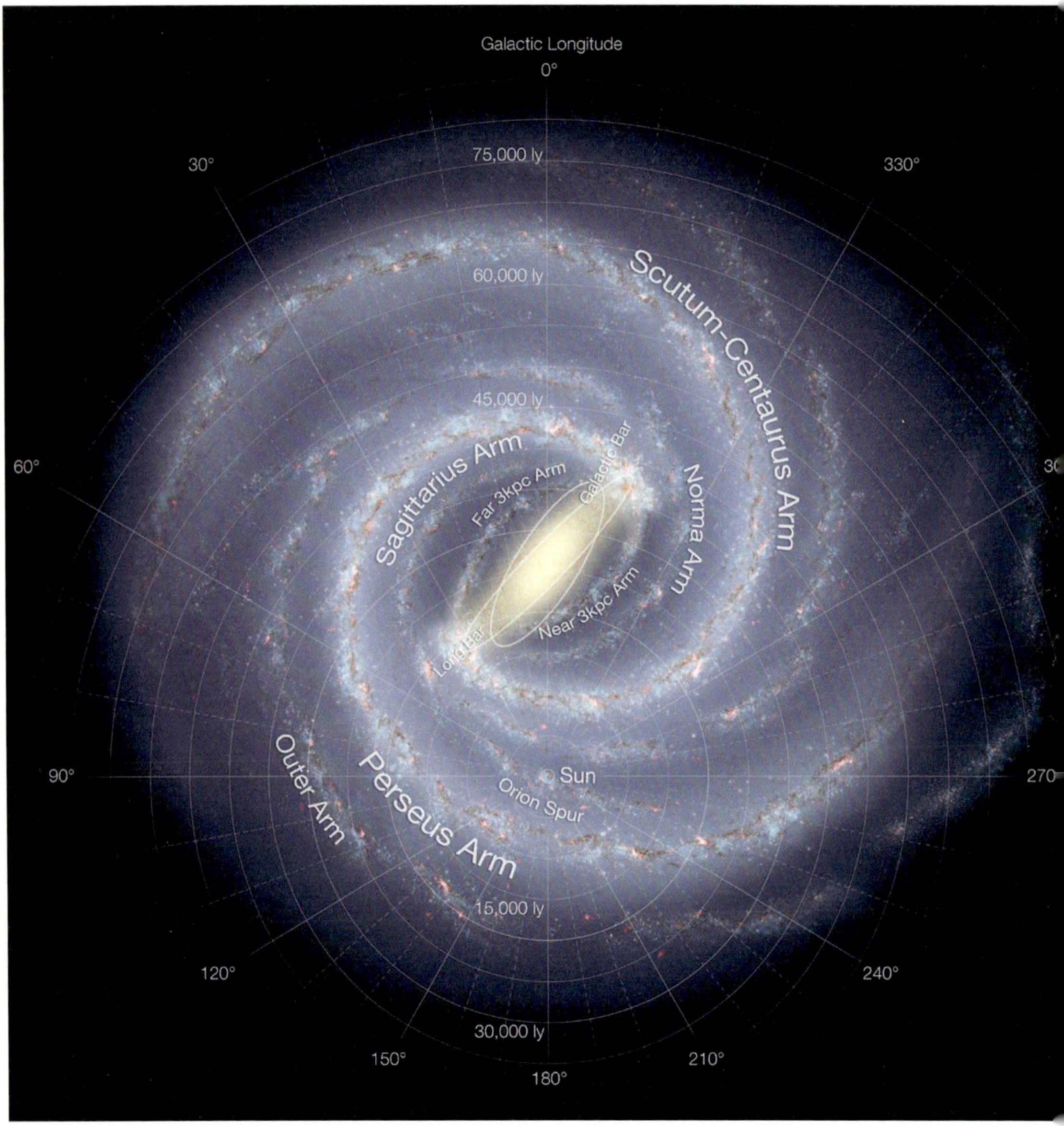

Abb. 28: Karte der Milchstraße mit der Position der Sonne

bedeutet das, dass ihre Jahresbahn um die Sonne nicht nur eine Ellipse ist, sondern durch die gleichzeitige Bewegung der Sonne handelt es sich um eine Art elliptische Wendel. Man könnte auch sagen, die Erde macht eine Art Schraubenlinie durch das All. Damit finden wir im kosmischen Ausmaß etwas, was wir von jeder lebenden Substanz im Körper kennen: Alle vom Leben gebildeten physiologischen Substanzen in jedem Organismus zeigen eine Schraubendrehung, die die Biochemiker Chiralität nennen. «Alle Bewegungen der Planeten wie auch der Erde sind chiral im Fixsternkosmos.»[34]

Auf der links abgebildeten Karte der Milchstraße sieht man die vier Arme unserer Galaxie: zwei größere, hellere Arme (Perseus-Arm und Scutum-Centaurus-Arm) und zwei kleinere, schwächere Arme (Norma-Arm und Sagittarius-Arm). Unser Sonnensystem liegt nicht im hellen Zentrum der Milchstraße, aber auch nicht im dunklen Außenbereich. Es liegt auch nicht auf einem hellen Arm oder im Dunkeln zwischen zwei Spiralarmen. Unser Sonnensystem befindet sich zwischen den zwei hellen Armen auf einem schwächeren Arm (Sagittarius-Arm), und dort auf der helleren Seite. Mehr Kompensation der Gegensätze, mehr Ausgleich geht nicht. Auch unter diesem Aspekt, der kosmischen Position unseres Sonnensystems mit dem Planeten Erde, können wir festhalten: Die Erde lebt. Das Planetensystem und der Kosmos zeigen Strukturen, wie sie nur das Leben hervorbringt.

Sphären menschlicher Existenz – die Erde als Lebensort für den Menschen

Die menschliche Kultur ist mit dauerhaften Siedlungen bis in Höhen von 5000 Meter vorgedrungen (z.B. liegt die Stadt La Rinconadas in den Anden Perus auf 5100 Meter Höhe), und am Toten Meer kann man bei –400 Meter unter dem Weltmeeresspiegel problemlos leben (beispielsweise befindet sich die Oase En Gedi bei 310 Meter unterhalb des Meeresspiegels).

Ohne Technik können wir bei guter Vorbereitung und nach intensivem Training fast bis auf 9000 Meter steigen (der Mount Everest hat eine Höhe

34 Schad, W. 2024.

von 8884 Meter) und etwa 200 Meter tief tauchen. Meist brauchen wir dafür aber schon Hilfsmittel.

Die heutige Technik ermöglicht uns, mit U-Boot-Kapseln die tiefsten Stellen der Weltmeere zu erreichen – 1960 tauchten Jacques Piccard (1922–2008) und Don Walsh (*1931) mit einem speziell für die Tiefseeforschung entwickelten U-Boot als erste Menschen auf den Meeresboden des Marianengrabens, bis zur Rekordtiefe von 10.912 Meter, und damit fast bis zur tiefstgelegenen Stelle des Meeresgrundes der Erde. Und gleichzeitig können wir mit Raumkapseln zum Mond fliegen: Am 21. Juli 1969 um 3.56 Uhr MEZ betrat Neil Armstrong (1930–2012) als erster Mensch den Mond. Im Prinzip wird es auch möglich sein, bemannte Raumfahrten zu Planeten unseres Sonnensystems durchzuführen. Was den Mars betrifft, wird dies wahrscheinlich in den nächsten zwanzig Jahren gelingen. Die Reisezeit wird mehrere Monate betragen. Zum Pluto würde die Hinreise aber schon dreißig Jahre dauern. Diese Zahl macht deutlich, wie unsinnig ein solcher Plan wäre. Auch liegt die Durchführung eines solchen Vorhabens in unerreichbarer Ferne. Aber wir können nicht ausschließen, dass so etwas einmal technisch möglich wäre.

Die Fixsternsphäre ist dem Menschen jedoch wegen der großen Distanzen prinzipiell nicht zugänglich. Die Unmöglichkeit des Vorhabens ist kein technisches Problem wie beim Pluto, sondern ein prinzipiell physikalisches. Seit dem 2. März 1972 rast die Sonde Pioneer 10 in die unermesslichen Weiten des Alls. Anfang 1973 passierte sie unbeschadet den Asteroidengürtel und machte als erster Flugkörper Nahaufnahmen vom Jupiter. Am 30. November 1997 funkte sie zum letzten Mal eine Nachricht zur Erde und hat dann nach fast dreißig Jahren als erste Raumsonde unser Sonnensystem verlassen. Ihr nächstes Flugziel ist der 10,3 Lichtjahre entfernte Fixstern Ross 248 im Andromedanebel. Voraussichtlich wird sie dort im Jahre 34.602 irdischer Zeitrechnung eintreffen. Gehen wir denselben Zeitraum von heute in die Vergangenheit zurück, so stoßen wir in dieser Zeittiefe auf die ersten Felsmalereien, die wir kennen (z.B. die Grotte Chauvet in Südfrankreich). Da wir uns nicht in Licht verwandeln können (die Lichtgeschwindigkeit beträgt 300.000 km/Sekunde) und dann reisen, wird es dem Menschen nie möglich sein, die Fixsternsphäre mit einem physischen Körper zu erobern. Sie ist un-

Abb. 29: Namib-Wüstengecko (*Pachydactilus rangei*), Namibia, 10. Juni 2019

erreichbar weit weg für uns. So bleibt die Beschäftigung mit dem Kosmos immer eine rein geistige Tätigkeit.

Wir sollten uns mit der Tatsache vertraut machen, dass unser kleiner Heimatplanet Erde der einzige Ort im riesigen Kosmos ist, auf dem wir im Moment existieren können. Wir sollten also viel verantwortungsvoller mit der Erde umgehen. Wir könnten nirgendwohin ausweichen. Wir sollten dieses einmalige Juwel im Kosmos pflegen und mit ihm zusammenarbeiten. Außerdem gibt es, wie wir eingangs gesehen haben, nach unserem jetzigen Kenntnisstand kein anderes Leben im Kosmos. Wir sind ganz schön einsam auf der Erde. Die Erde scheint das einzige lebende Samenkorn im Kosmos zu sein.

6. Organismische Eigenschaften des Lebens

Wir fassen ja heute meist nicht nur die Erde als etwas Totes auf, sondern wir leben vielfach mit der Vorstellung, dass das Leben nur eine bestimmte Kombination von Vorgängen ist, die wir im Einzelnen in der toten Welt beobachten können. Die empirische naturwissenschaftliche Forschung hat sich aber inzwischen so weit entwickelt, dass sie selbst Eigenschaften und Charakteristika von Organismen beschreiben kann, die spezifisch für Lebensprozesse sind. Diese spezifischen Charakteristika und Eigenschaften des Lebens lassen sich nicht auf anorganische Prinzipien reduzieren. Das heißt, unbelebte Systeme und Gegenstände zeigen diese Eigenschaften typischerweise nicht (auch wenn es in einigen Fällen bei oberflächlicher Betrachtung vergleichbare Phänomene geben kann).

Der Biologe und Mediziner Bernd Rosslenbroich beschreibt das Leben anhand von dreizehn spezifischen Eigenschaften:[35]

1. das Prinzip der Systembildung organischer Vorgänge
2. die Bildung einer relativen Autonomie von Organismen
3. Handhabung von Information
4. die Bildung integrativer biologischer Systeme
5. die Bildung einer Gestalt
6. die aktive Erzeugung einer Zeitautonomie
7. die aktive und geregelte Handhabung von Energie
8. Sensibilität von Organismen
9. Eigenaktivität von Organismen
10. die Fähigkeit zur Evolution
11. Wachstum und Entwicklung
12. die Anpassungsfähigkeit an innere und äußere Bedingungen
13. die Notwendigkeit des Verhältnisses aller Lebensprozesse zu Fortpflanzung und Tod

35 Rosslenbroich 2018.

Ein weiterer Punkt sei noch hinzugefügt:
14. die Bildung von Spiralen, Wellen, Wirbeln.

All diese Eigenschaften kennen wir selbstverständlich auch von uns selbst, weil wir ja ebenfalls Lebewesen sind. Im Folgenden werden die für das Leben spezifischen Eigenschaften kurz vorgestellt, dann werden wir in einem zweiten Schritt jeweils prüfen, ob sich diese Eigenschaften auch in Bezug auf die Erde finden lassen. Auch hier können wir die Aspekte nur andeuten; sie ließen sich im Einzelnen natürlich noch weiter ausführen.

Systembildung (Interdependenz) von organischen Systemen

Interdependenz bedeutet gegenseitige oder wechselseitige Abhängigkeit. Aus unserem Alltag kennen wir das: Wir sind aufeinander eingestellt und voneinander abhängig. Niemand lebt in umfassender Autonomie. Wir Menschen sind wechselseitig aufeinander angewiesen. Wir brauchen den Bäcker, der Bäcker braucht aber auch die Kunden. Gleichzeitig braucht der Bäcker den Metzger oder den Gemüsehändler. Der Gemüsehändler braucht den Bäcker und den Metzger als Kunden usw. Das würde man soziale beziehungsweise wirtschaftliche Interdependenz nennen. In einem solchen System sozialer und wirtschaftlicher Abhängigkeiten gibt es keine Ursache oder Wirkung beziehungsweise jeder ist Ursache und Wirkung.

Ähnlich ist es auch mit den Lebensprozessen. Als man vor über einhundert Jahren anfing, biochemische Prozesse in Lebewesen zu untersuchen, stellte man sich lineare Abfolgen von Ursache-Wirkungs-Ketten vor. Heute sehen wir die biochemischen Vorgänge so an, dass es sich um Kreisläufe handelt und dass innerhalb der Kreisläufe eine Komponente von der nächsten abhängig ist, und diese Prozesse sind wiederum einbezogen in die Netzwerke anderer Prozesse.

Bernd Rosslenbroich schreibt: «Dabei gibt es keine Anfangsursache und keinen finalen Effekt. Ein Prozess ist vielmehr die Bedingung für den nächsten, der wiederum die Bedingung für den nächsten, und der erneut die Bedingung für den nächsten ist. Solche Prozesse sind innerhalb von Zyklen,

Netzwerken oder Regulationskaskaden voneinander abhängig: sie sind interdependent.»[36] Auch ging man lange davon aus, dass die Information von der DNA zum Protein und schließlich zum Merkmal fließt. Inzwischen kennen wir viele Rückkopplungsprozesse, sodass man die DNA nicht mehr als Erstursache ausmachen kann. Damit beschäftigt sich auch das moderne und viel diskutierte Fach der Epigenetik.

Solche Systembildungen mit wechselseitigen Abhängigkeiten (Interdependenzen) lassen sich nun interessanterweise auch auf ganz anderen Ebenen beschreiben, etwa bei Stoffkreisläufen in Ökosystemen. Das sei hier an zwei Beispielen erläutert.

Beispiel 1: Kohlenstoffkreislauf

Wir nennen Organismen, die Fotosynthese betreiben können, Pflanzen. Diese betreiben in den Chloroplasten ihrer Zellen Fotosynthese. Dafür nehmen sie Kohlendioxid (CO_2) aus der Umgebung auf. Nun können sie den Zucker Glucose ($C_6H_{12}O_6$) und Sauerstoff (O_2) bilden, wofür sie Licht und Wasser brauchen. Umgekehrt nehmen Menschen und Tiere Nahrung wie Glucose und Sauerstoff auf und geben Kohlendioxid beim Ausatmen ab. Dieser Kreislauf des Kohlenstoffes ist letztendlich wesentlich komplexer, weil Atmosphäre, Hydrosphäre, Lithosphäre und Biosphäre mit eingebunden sind. Jedes der Teilsysteme bildet einen Kohlenstoffspeicher, alle sind wechselseitig voneinander abhängig.

Beispiel 2: Stoff- und Energietransport

Die drei großen Klimazonen der Tropen – Wüste, Savanne und Regenwald – sind in einer unmittelbaren wechselseitigen Abhängigkeit. Über den inneren Tropen (Regenwald) steigt die Luft durch die starke Sonneneinstrahlung auf und weicht in der Höhe nach Norden und Süden aus. An den Wendekreisen sinkt sie verstärkt wieder ab und fließt als Nordostpassat und Südostpassat wieder an den Äquator zurück. Diese Ringströmung wird in der Geografie nach ihrem Entdecker Hadleyzelle genannt. Dort, wo die Luft aufsteigt, entsteht der Regenwald, wo die Luft absinkt, befinden sich die Wüsten, und

36 Rosslenbroich 2018, S. 7f.

durch die zurückströmenden Passate können die Savannen existieren. Die Savanne kann es also ohne die Wüste und den Regenwald gar nicht geben.

Zusätzlich gibt es einen ausgesprochen interessanten und eindrucksvollen Zusammenhang zwischen den Wüsten Nordafrikas und den Regenwäldern Südamerikas. Durch die gewaltigen Niederschläge in den tropischen Regenwäldern werden große Teile der Nährstoffe aus dem Boden gespült. Da es im Boden keine Nährstoffe gibt, bilden die Urwaldbäume praktische keine Wurzeln in die Tiefe, sondern sogenannte Brettwurzeln, mit denen sie sich seitlich abstützen. Es ist nun leicht einzusehen, dass die Regenwälder bald an Nährstoffmangel eingehen würden. Woher bekommen sie die Nährstoffe? Man glaubt es kaum: aus der Sahara. Die großen Stürme in der Sahara bringen viel Staub und damit Mineralstoffe in die Luft. Mit dem Urpassat, einem reinen Ostwind in mittlerer Höhe in der Hadley-Zelle, werden diese Nährstoffe aus der Sahara wie in einer Luftröhre nach Südamerika verfrachtet, bilden dort die Kondensationskerne für die Regentropfen und regnen auf die Regenwälder, die diese willkommene Beifracht des Regens begierig aufnehmen.

Die Bildung einer relativen Autonomie von Organismen

Unter Nutzung von Stoffen und Energie aus der Umgebung bilden also Organismen wechselseitige Abhängigkeiten aus. Zum Leben gehört aber auch, dass jedes Lebewesen einen Leib aufbaut, der sich von der Umgebung, seiner Umwelt, unterscheidet. Das klingt banal, ist aber eine wesentliche Charakteristik von Leben. Sobald dieses «Anderssein» als die Umgebung aufhört, ist der Organismus tot, weil der Prozess der Bildung von Autonomie aufgehört hat. Ein lebender Organismus hält also ein eigenes inneres Milieu gegenüber der Umgebung aufrecht. Das ist ja auch sehr sinnvoll.

Die Verhältnisse in der Umwelt sind meist wechselhaft. Nachts ist es kalt, morgens geht die Sonne auf und es wird wärmer, es wird mittags heiß und abends wieder kühler. Je autonomer ich bin, umso weniger bin ich abhängig von den Außenbedingungen. Jedes Lebewesen, das im Wasser lebt, etwa im Süßwasser, hat das Problem, dass ständig Wasser in den Körper eindringt, weil die Salzkonzentration dort höher ist. Rosslenbroich drückt das so aus:

«Regulation und Homöostase etablieren also eine gewisse Autonomie gegenüber den Schwankungen der Umgebung, eine begrenzte physiologische Eigenständigkeit.»[37] Der Körper sorgt ständig dafür, dass ein chemisches Ungleichgewicht gegenüber der Umgebung aufrechterhalten wird. Dieses chemische Ungleichgewicht aber hält er konstant. Das nennen wir in der Biologie Homöostase.

Solche Homöostasen und Regulationsvorgänge, die ihre eigene Autonomie absichern, kennen wir reichlich auch von der Erde. Dies sei an drei Beispielen gezeigt: Schwarze Raucher/Weiße Raucher, Wasserkreislauf, Kreislauf der Gesteine. Sie alle tragen dazu bei, dass die Erde Autonomie leben kann.

Beispiel 1: Schwarze Raucher / Weiße Raucher

Dort, wo die Erdplatten auseinanderdriften und ständig ein Spalt in der Erdkruste entsteht, bilden sich die sogenannten Mittelozeanischen Rücken. Hier gibt es die Phänomene, die wir Schwarze Raucher (Black Smoker) und Weiße Raucher (White Smoker) nennen. Es sind heiße Quellen, die Temperaturen bis über 400 °C aufweisen.

Bei den beiden Schloten Two Boats und Sister Peak auf dem Mittelozeanischen Rücken in 3000 Metern Tiefe hat man bei einem Wasserdruck von 298 bar sogar 464 °C gemessen. Das austretende Wasser enthält viele Sulfide (das sind Schwefelverbindungen) aber auch andere Salze, vorwiegend von Eisen, Mangan, Kupfer und Zink. Trifft nun dieses heiße, mit gelösten Metallen angereicherte Wasser auf das 2 °C kalte Wasser am Meeresgrund der Mittelozeanischen Rücken, werden bei der Abkühlung Erze ausgefällt. Diese Sedimentationswolken bilden die charakteristischen und namengebenden Schwarzen «Rauchfahnen». Durch die Sedimentation selbst entstehen die Schlote, Kegel und viele Ablagerungen in der näheren Umgebung. Die Schlote haben eine mittlere Höhe von 25 Metern. Das Wasser, das hier austritt, muss ja von irgendwo geliefert werden. Letztendlich ist es das Meerwasser selbst, das von der weiteren und näheren Umgebung in das Ozeansediment eingesaugt wird. In der Tiefe wird es so aufgeheizt, dass es schließlich an den Quellen wieder

37 Rosslenbroich 2018.

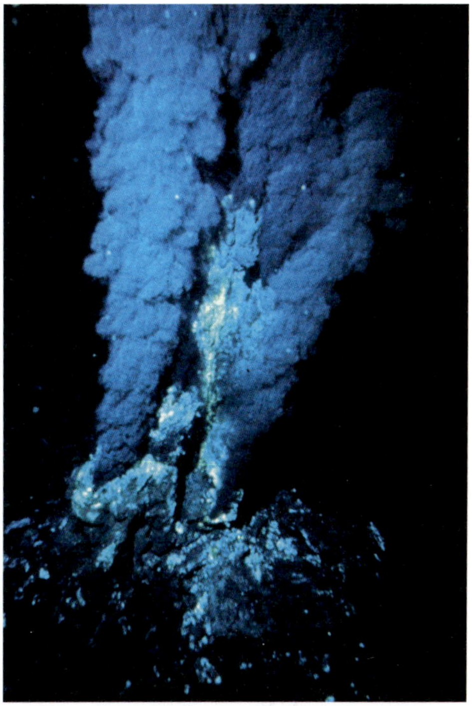

Abb. 30: Schwarzer Raucher

austritt. Es durchläuft also auch einen geologischen Kreislauf. Das eingesaugte Meerwasser wird beim Durchfließen der Sedimente wie in einer Niere gereinigt. Beim Nierenprozess muss man vor allem das Salz erwähnen, das im Basalt und Peridotit einen Ionenaustausch macht und die Schwermetalle dabei einsammelt. Da diese dann auf dem Meeresgrund abgelagert werden, sind sie dem Meerwasser entzogen. Nicht die Erdkruste allein regelt also die Nierenfunktion, sondern das Ganze: der unterirdische Wasserkreislauf und die Raucher mit ihren Ablagerungen. Ganz am Schluss des Prozesses ist dann das Wasser stärker gereinigt.

Indem die Schwarzen Raucher und die Weißen Raucher das Salz aus dem Meerwasser filtern, tragen sie dazu bei, dass der Salzgehalt der Ozeane konstant bleibt. Denn die Flüsse transportieren ständig Salz in geringen Mengen in die Weltmeere, sodass der Salzgehalt eigentlich steigen würde. Das wiederum wäre verheerend für die meisten Organismen, die im Meer leben. Nur durch Prozesse, die den Salzgehalt der Ozeane konstant halten, ist das Leben im Meer möglich. Eine echte Lebensleistung.

Abb. 31: Regenwolken über dem Okavango, südliches Afrika, 31. Dezember 2016

Beispiel 2: Wasserkreislauf

Ein Beispiel, das wir alle aus unserem Alltag kennen: Es regnet. Die Wolken bringen uns den Regen, den wir Lebewesen so dringend brauchen. Aber woher kommt dieser Regen? Auf dem wunderbaren Foto der Erde, «Blue Marble» (siehe Abb. 4, S. 16), sehen wir, dass weite Teile der Erdatmosphäre Wolken tragen. Alles Wasser, das auf die Landoberfläche kommt, gelangt durch den Regen beziehungsweise durch die Wolken dorthin. Die Wolken sind das eine Hauptreservoir des Wassers auf der Erde, das andere ist natürlich das Meer. Wenn wir auf den Kreislauf des Wassers blicken, haben wir es mit diesen zwei Hauptreservoiren zu tun. Aus dem einen Reservoir, der Atmosphäre, regnet Wasser auf Land und Meer nieder. Ein Teil wird vorübergehend im Untergrund und in Seen gespeichert. Der Rest fließt in das andere Hauptreservoir, ins Meer. Die Verdunstung von Wasser über Land und Meer zurück in die Atmosphäre schließt den Kreislauf. Dieser Kreislauf ist nachhaltig und lebt aus sich selbst heraus.

Mittlere Verweilzeit des Wassers

verdunstetes Regenwasser:	Sekunden bis Minuten
biologisches Wasser:	einige Stunden
Atmosphäre:	9,5 Tage
Flusswasser:	16 Tage
Bodenfeuchte:	1 Jahr
Oberflächengrundwasser:	1400 Jahre
außerpolare Gletscher:	1600 Jahre
Tiefengrundwasser:	10.000 Jahre

Der Wasserkreislauf ist auch in der Lage, Störungen auszugleichen. Ja, das Wasser wird sogar gereinigt – besonders durch die Tonminerale –, wenn es durch den Untergrund fließt. Die Hauptreinigung geschieht aber sicherlich durch das Verdunsten über den Ozeanen, denn die Wasserinhaltsstoffe bleiben ja im Wasser zurück. Auf der anderen Seite reinigt der Niederschlag die Atmosphäre, denn mit dem Wasser werden viele Aerosolpartikel aus der Atmosphäre ausgewaschen. Darin erscheint etwas Charakteristisches für das Wasser: selbstlos anderen Vorgängen zu dienen.

Wir haben es hier also mit einem wunderbaren Kreislauf zu tun, bei dem das Wasser nachhaltig als Regen zu den Landlebewesen kommen kann, in die Meere fließt und auf dem ganzen Weg gereinigt wird. Wir wollen noch einmal in Erinnerung rufen: Der Sauerstoff sorgt durch die Bildung der Ozonschicht dafür, dass nicht alles Wasser in den Weltraum verdunstet und die Erde nicht als Wüste zurückbleibt. Diese Autonomie der Erde in Bezug auf das Wasser gegenüber dem Kosmos ist nur durch das Leben von Mikroben möglich. Wir hatten sie in ihrer Gesamtheit den Erdentrophoblasten genannt. Sie bilden zusammen mit den lebenden Pflanzen den Sauerstoff. Das Leben sorgt also auch hier dafür, dass die Erde Autonomie leben kann.

97 Prozent des Wassers auf der Erde ist salziges Meerwasser, nur 3 Prozent ist Süßwasser. 68 Prozent des Süßwassers ist gebunden in Form von Süßwassereis (Polkappen und Gletscher), 31 Prozent liegt als Grundwasser vor, 0,9 Prozent ist Atmosphärenwasser und nur 0,3 Prozent Oberflächenwasser. Das Oberflächenwasser kommt zu 87 Prozent in Seen vor, zu 11 Prozent in Sümpfen und nur zu 2 Prozent in Flüssen. Es sind also weniger als 1 Prozent der Wasservorräte der Erde, die wir für Trinkwasser nutzen können. Wir sollten daher mehr als pfleglich mit unserem Wasser umgehen!

Beispiel 3: Der Kreislauf der Gesteine

Auch der Kreislauf der Gesteine ist ein wunderbares Beispiel für einen Autonomie begünstigenden Vorgang. Heute ist durch das Konzept der Plattentektonik die Dynamik des Gesteinskreislaufs recht gut bekannt. Die Stellen auf der Erde, an denen zwei Erdplatten zusammenstoßen, nennen wir Kompressions- oder Subduktionszonen. Mit «Kompressionszone» möchte man ausdrücken, dass zwei Platten zusammenstoßen, mit «Subduktionszone», dass die eine Platte unter die andere in die Tiefe gepresst wird. So gelangen die Sedimente der Tiefsee und der aktiven Kontinentalränder an den Subduktionszonen in die Tiefe in den Erdmantel. Hier tauchen die Ozeanböden Hunderte von Kilometern unter die Kontinente (die kontinentale Lithosphäre) in die Tiefe ab, zunächst in die Asthenosphäre, die noch zum Oberen Mantel gehört. In den Unteren Mantel gelangen nur noch Reste, denn das meiste schmilzt auf seinem Weg auf und speist die Vulkane. Dabei wird ein Teil der Tiefseesedimente abgeschabt und gleichsam an den Kontinentalrand geklebt. Auch die hier aufsteigenden Schmelzen kristallisieren meist unter- oder innerhalb der kontinentalen Kruste aus, während ein Teil oben als Vulkane herausbricht. Durch den Druck der Kontinentalplatten und die magmatischen Aktivitäten bilden sich Gebirgsketten, und an der Stelle, wo die ozeanische Platte in die Tiefe gedrückt wird, entstehen in der Regel Tiefseegräben. Ein bekanntes Beispiel dafür sind die Anden mit dem Peru- und dem Atacama-Graben, die sich westlich der südamerikanischen Westküste, also im östlichen Pazifik, befinden.

Die Handhabung (Prozessierung) von Information

In unserem Erbgut, der DNA, ist Information gespeichert, mit deren Hilfe in der Zelle Eiweiße (Proteine) gebildet werden können. Im Eiweiß selbst ist dann ja schon verkörperte Information vorhanden. Die Zusammensetzung der Zellmembran durch die Phospholipide, Eiweiße, Glykopeptide und Glykolipide weist eine hochgradige Ordnung auf. Auch ein Bein oder eine Niere enthält verkörperte Information. So kann man annehmen, dass auf allen Systemebenen eines Organismus Information konstituierend enthalten ist. Prozesse können nur geordnet stattfinden, und Ordnung braucht Information. Deshalb prozessieren Organismen permanent und in umfangreichem Maße Information. Keith Farnsworth schrieb 2013, das Besondere des Lebens liege darin, dass funktionelle Information die Materie in physikalischen Strukturen anordnet und so sich selbst erhaltende und reproduzierende Lebewesen entstehen.[38]

Man kann sich die Weitergabe von Information auf immer höheren Systemebenen gut so vorstellen, dass sie bis weit in die Landschaft und in die großen globalen Prozesse reicht. Im Kleinen haben wir das Phänomen des Rehgartens betrachtet, bei dem das Leben die Umwelt gestaltet – was wir auch am Beispiel des kleinen Stummelschwanztintenfisches gesehen haben, der das Meer impft. Im Großen war im Abschnitt «Ich und Du – Mensch und Umwelt» (S. 47ff.) dargelegt worden, wie die frühe Mikrobenwelt, die

38 Farnsworth 2013.

wir als Erdentrophoblasten bezeichnet hatten, die Zusammensetzung beispielsweise der Atmosphäre so ändert, dass die Umweltverhältnisse dem Leben besser dienen können.

Integrative biologische Systeme

Integrative Systembiologen sprechen davon, dass ein System eine eigene Kategorie darstellt und sich aus der Wechselwirkung der Teile nicht deren Eigenschaften errechnen lassen. Man könnte auch sagen: «In einem System bestimmt die Struktur des Ganzen die Tätigkeit der Teile, in einer Maschine bestimmt die Tätigkeit der Teile das Ergebnis.»[39]

Ein klassisches Beispiel für die integrativen Fähigkeiten des Lebens sind Symbiosen. Flechten legen dies besonders eindrucksvoll dar. Eine Flechte ist eine Lebensgemeinschaft aus Alge und Pilz. Pilze beherrschen die Fotosynthese nicht. Aber wenn sie sich mit Algen oder fotosynthetischen Bakterien zusammentun, können sie auf horizontalem Wege diese Fähigkeit erlangen. Andererseits können Algen oder fotosynthetische Bakterien keine schützenden Gewebe bilden oder Steine verdauen. Verbünden sie sich aber mit einem Pilz, stehen ihnen diese Fähigkeiten zur Verfügung. Durch die Zusammenarbeit ergeben sich ganz neue Möglichkeiten. Innovation erwächst aus Partnerschaft, denn das Ganze ist weit mehr als die Summe seiner Teile.

Ein solches System, in dem die verschiedensten Teile zusammenarbeiten, kann eine Zelle sein, ein Gewebe oder der ganze Körper eines vielzelligen Organismus. Bei den Flechten arbeiten zwei durchaus nicht miteinander verwandte Lebewesen auf das engste zusammen: Pilz und Alge. Sie stimmen einen gemeinsamen «Stoffwechselgesang» an, den keiner der beiden allein ausführen kann. Einen solchen Gesang führen die Pflanzen, zum Beispiel Bäume und sogenannte Mykorrhiza-Pilze, in der vielfältigsten Weise durch. Die Pflanze kann Fotosynthese betreiben und füttert den Pilz mit Fotosynthese-Produkten: Zucker. Der Pilz füttert die Pflanze mit Wasser und Mineralstoffen, denn er findet sich viel besser im Boden zurecht. Immer sind

39 Weiss 1970, S. 22f.

mehrere Systeme ineinandergeschachtelt. Dem Thema der Symbiose werden wir noch ausführlicher begegnen.

Entsprechendes finden wir bei der Erde. Wir können einzelne Pflanzen erforschen. Oder die Gesamtheit der Pflanzen auf einer Wiese. Oder eine Landschaft, in der die Wiese ein Teilsystem ist. Oder die Klimazonen über die Erde hin, beispielsweise Regenwald, Savanne, Wüste, die in ihrer Gesamtheit wieder einen nachhaltigen Lebenskreislauf bilden und so weiter.

Die Bildung einer Gestalt

«Ein weiteres eigenständiges, aber bisher wenig verstandenes Merkmal von Organismen ist ihre Gestalt. [Darunter] versteht man … zunächst ihre äußere Erscheinung, also den systematischen Zusammenhang der an ihnen unmittelbar zu beobachtenden Merkmale. Das Phänomen der Gestalt tritt aber … nicht nur am ganzen Organismus auf, sondern auch auf allen Ebenen seiner Substrukturen. Ein Wirbel ist ebenso eine Gestalt wie ein Kiemenbogen, eine Epithelzelle oder ein Immunglobulin-Molekül. Jedes System von Einzelstrukturen, zwischen denen ein geordneter Zusammenhang besteht, nennt man eine Gestalt. Diejenige biologische Disziplin, die sich speziell mit dem Phänomen der Gestalt beschäftigt, ist die Morphologie.» [40]

Die Erdoberfläche hat nicht immer so ausgesehen wie heute. Dank Alfred Wegener und der nach ihm zur Plattentektonik forschenden Geologen wissen wir, dass die feste Erdkruste in Platten zerbrochen ist, die sich bewegen. Dadurch kommt es an manchen Stellen zu Zusammenstößen (Kompressionszonen), an anderen weichen die Platten auseinander (Dilatationszonen). An den Kompressionszonen bilden sich Hochgebirge und Tiefseegräben. An den Dilatationszonen entstehen Grabenbrüche, aus denen Meeresarme und schließlich Weltmeere werden können. Auf diese Weise hat sich die Gestalt der Erdoberfläche im Laufe der Erdgeschichte immerzu gewandelt. Gehen wir vom heutigen Zustand der Lage der Kontinente immer weiter zurück in die Vergangenheit, so rücken die Kontinente immer mehr zusam-

40 Rosslenbroich 2018, S. 37f.

men, bis sie schließlich im Erdzeitalter des Perm, der Ära, die vor etwa 300 Millionen Jahren begann und vor 250 Millionen Jahren endete, alle als ein großer Superkontinent zusammenlagen, den wir Pangaea nennen. Geht man noch weiter in die Vergangenheit zurück, wandern die Kontinente wieder auseinander und davor wieder zusammen. Wir kennen diesen Vorgang mindestens dreimal.

Zeitautonomie

Als ein weiteres, das Leben charakterisierendes Merkmal führt Bernd Rosslenbroich den Zeitaspekt an: «Wenn man physiologische Prozesse in ihrem Verlauf untersucht, zeigt sich, dass sie alle in einer bestimmten zeitlichen Ordnung ablaufen und typischerweise oszillieren, das heißt, sie verlaufen in Rhythmen. Das wird inzwischen ausführlich von der Chronobiologie beschrieben.»[41]

Heute ist klar, dass es wohl keinen physiologischen Prozess gibt, der nicht rhythmisch abläuft. Viele dieser Rhythmen haben eine Periodenlänge von etwa 24 Stunden (das ist ein sogenannter circadianer Rhythmus). Das Nervensystem hat dagegen meist Rhythmen im Millisekundenbereich, Herz- und Atemrhythmen vollziehen sich im Sekundenbereich, und bei den Bauchorganen finden wir Rhythmen im Bereich von Minuten bis hin zu 24 Stunden. Darüber hinaus kennen wir den Tagesrhythmus (z.B. beim Wachen und Schlafen oder der Körpertemperatur), Wochenrhythmen (Heilungsvorgänge von Wunden oder die Ausheilung von Infektionskrankheiten), Monatsrhythmen (Rhythmen der Fortpflanzung, etwa die weibliche Regel), des Wachstums und der Erholungsvorgänge (Kuren schlagen oft erst nach vier Wochen an) und den Jahresrhythmus (beispielsweise saisonbedingte Krankheiten wie die Grippe, die Todesratenkurve).[42]

Ein schönes Beispiel für die Zeitautonomie der Erde ist das vielfältige Jah-

41 Rosslenbroich 2018, S. 27f.

42 Siehe auch Rosslenbroich 1994.

reszeitengeschehen auf der Erde.[43] Durch die Schrägstellung der Erdachse um momentan 23,5 Grad zu ihrer Bahnebene um die Sonne haben wir reich differenzierte Klimate über die Erde hin, die ein sehr unterschiedliches, aber jeweils charakteristisches rhythmisches Zeitmuster zeigen. Das Thema Jahreszeiten wird im Kapitel 7, «Von den Lebensprozessen der Erde am Beispiel des Jahreslaufes», ausführlich behandelt werden.

Die Handhabung (Prozessierung) von Energie

Die Prozessierung von Energie ist durch viele Vorgänge aus der Physiologie und der Zellenlehre bekannt. Dazu gehört, «dass Organismen aktiv und gezielt mit Energie umgehen. Sowohl die Beschaffung von Energie als auch die Verarbeitung und Verwendung unterliegen hochgradigen Regulationen und erfolgen aktiv.»[44] Die Fotosynthese ist der grundlegende Lebensvorgang auf der Erde, davon lebt die Welt. Alle Organismen, die die Fotosynthese beherrschen (autotroph), können sehr sorgfältig die Sonnenenergie zum Beispiel in Form von Glucose binden. Alle anderen Organismen (heterotroph) können die chemisch gebundene Sonnenenergie sorgfältig und behutsam für ihre Lebensprozesse verwenden.

Auch auf der Erde wird Energie prozessiert. Mithilfe von Meeresströmungen und Winden wird Energie (im Wesentlichen Sonnenenergie) von der Äquatorregion ausgehend verteilt. Dabei strömt am Äquator die Luft aufgrund der großen Aufheizung in die Höhe, stößt an die Tropopause und wird nach Norden und Süden abgelenkt. Ein Teil dieser Luft kehrt als Passat direkt wieder an den Äquator zurück. Ein Teil wird zur Westwinddrift der mittleren Breiten, der Rest sinkt am Pol wieder ab und strömt unter Verwirbelung an den Frontalzonen zum Äquator zurück.[45] Auch die weltumspannenden Meeresströmungen verteilen Energie in Form von Wärme.

43 Siehe Schad, A. 1998.
44 Rosslenbroich 2018, S. 30f.
45 Schad, A. 1998, S. 100f.

Bernd Rosslenbroich führt weiterhin aus: «Jedes Lebewesen hat Fähigkeiten zur Wahrnehmung seiner inneren Zustände sowie bestimmter Verhältnisse seiner Umgebung. ... Die Sensitivität für Reize entsteht zugleich mit der Entwicklung der ersten Form der Autonomie, die zu einer Unterscheidung von innen und außen führt.»[46] So kann sich ein Organismus auf der einen Seite von der Umgebung emanzipieren und gleichzeitig durch die «Sinneswahrnehmung» verstärkt mit ihr verbinden.

Die Sonne ist in den vergangenen vier Milliarden Jahren immer heißer geworden. Die Temperaturen auf der Erde hätten also deutlich steigen müssen. Die stärkere Sonneneinstrahlung ist durch diese riesigen Zeiträume hindurch jedoch immer wieder durch bestimmte Vorgänge ausgeglichen worden. Einer der Parameter, die das Klima auf der Erde mit beeinflussen, ist das CO_2. Es wurde durch die Kalkbildung, die Bildung von Kohle, Erdöl und Erdgas immer wieder aus der Atmosphäre genommen, mit der Folge, dass die Temperaturen auf der Erde konstant blieben.

Natürlich gab und gibt es auch Schwankungen. Aber diese Temperaturschwankungen finden in einem im Vergleich zu unseren Nachbarplaneten sehr engen Temperaturkorridor statt. Die Ausschläge waren am Anfang der Erdentwicklung noch größer. Wir kennen diese Ausschläge als Eiszeiten. Besonders extrem waren Ereignisse vor 750 Millionen Jahren, die dazu führten, dass wahrscheinlich dreimal weite Teile der Erde (manche sagen sogar: die ganze Erde) an ihrer Oberfläche vereist waren. Die Geowissenschaft spricht hier von einer «Schneeball-Erde». Später wurden die Ausschläge immer flacher und zeugen von der immer besseren Fähigkeit der Erde, die Temperaturen konstant zu halten.

Die Erde war also in der Lage, auf Veränderungen der kosmischen Umgebung zu reagieren und das interne Milieu stabil zu halten. Eine beeindruckende Leistung. Allgemein gilt: Die Temperaturen auf der Erde waren nie so, dass alles Wasser verdunstete, und nie so, dass alles Wasser gefror. In

46 Rosslenbroich 2018, S. 45f.

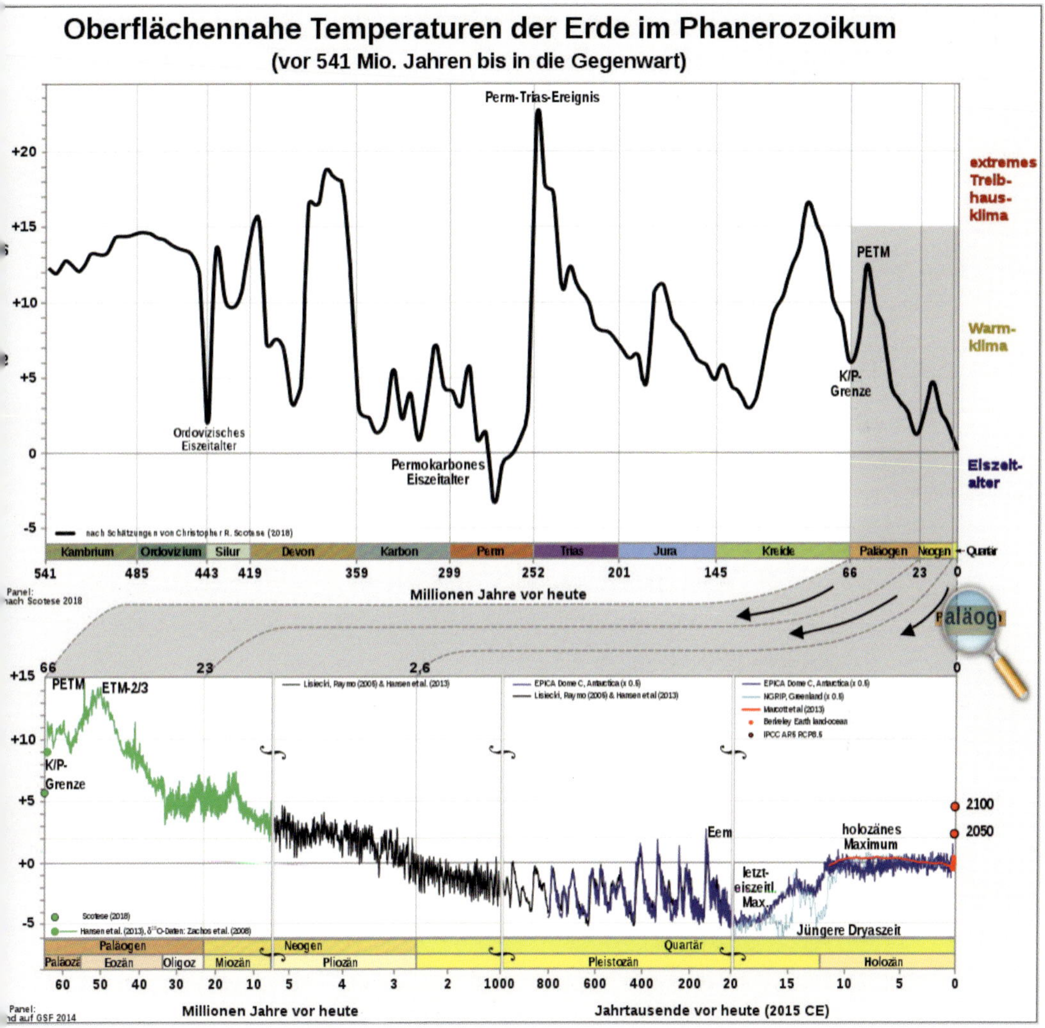

Abb. 32: Oberflächentemperaturen der Erde

diesem Sinne war die Erde in der Lage, ihre Temperaturen sehr konstant zu halten. Wir kennen diese Fähigkeit nur noch von den Vögeln und Säugern.

Heute machen wir diese Vorgänge ein Stück weit wieder rückgängig: Wir brennen Unmengen von Kalk zum Bauen, wir verbrennen die genannten fossilen Rohstoffe in großem Stil. Das im Laufe der Erdgeschichte entstandene und gespeicherte Kohlendioxid (CO_2) wird durch diese Vorgänge wieder entbunden und entweicht in die Atmosphäre, wo es als Treibhausgas die Erde immer weiter aufheizt – wir setzen derzeit weitaus mehr CO_2 frei, als die Pflanzenwelt binden und die Gesamtheit der Ozeane aufnehmen kann. Das muss uns die Gewissheit geben, dass wir es sehr wohl mit einem durch den Menschen verursachten Klimawandel zu tun haben. Auf der anderen Seite können wir davon lernen, dass die Fähigkeit des Lebewesens Erde, seine eigene Körpertemperatur konstant zu halten, sehr ausgeprägt ist. Dennoch – wir sollten dringend unseren Lebensstil ändern. Denn wir dürfen durch unseren immensen Rohstoffverbrauch und durch unseren rücksichtslosen Lebenswandel die Erde nicht ihrer Fähigkeit berauben, für einen Temperaturausgleich zu sorgen.

Eigenaktivität

Eine Form von Eigenaktivität eines Organismus nennt Rosslenbroich ungerichtete Eigenaktivität. Damit ist einfach gemeint, dass der Organismus seine laufenden Funktionen aufrechterhält. Hier können wir noch einmal auf die schon erwähnte Tatsache zurückkommen, dass die Erde ihre Durchschnittstemperatur sehr konstant gehalten hat, obwohl die Sonne in den vergangenen vier Milliarden Jahren immer heißer geworden ist. Letztendlich hat es die Erde geschafft, über vier Milliarden Jahre hin in einem engen Korridor eine konstante Körpertemperatur aufrechtzuerhalten. Das ist – wenn man es so ausdrücken darf – eine große Leistung.

Auch die Tatsache, dass die Erde um die Sonne wandert, können wir als Eigenaktivität betrachten. Dadurch kommt das Jahr zustande. Wir erinnern uns: Indem die Sonne durch den Kosmos wandert und die Erde sich wiederum um die Sonne bewegt, ergibt sich eine Schraubenbahn durch das All (siehe S. 65). Die Schraubenbewegung hatten wir als einen Ausdruck des Lebens bezeichnet, wie sie für alle vom Leben gebildeten physiologischen Substanzen typisch ist.

Auch die Drehung der Erde um ihre eigene Achse ist Ausdruck der Eigenaktivität der Erde. Dies hat wiederum Folgen für andere Vorgänge, zum Beispiel das Erdmagnetfeld und die Polarlichter.

Im flüssigen äußeren Erdkern gibt es Konvektionsströmungen. Durch die Hitze im inneren Erdkern strömt Material nach oben, kühlt etwas ab, und sinkt wieder nach unten (eine Eigenaktivität der Erde). Die Rotationsbewegung der Erde verursacht, dass diese Strömungen durch die Corioliskraft abgelenkt und auf Schraubenbahnen gezwungen werden. Dadurch entsteht das so lebenswichtige starke Magnetfeld der Erde.[47]

Die Magnetosphäre der Erde schirmt das Leben der Erde vor der todbringenden energiereichen kosmischen Strahlung und den Sonnenwinden ab. Die ionisierte Materie aus dem Kosmos und von der Sonne wird entlang der Magnetfeldlinien um die Erde herum gelenkt. Nur im Bereich der Polargebiete können vermehrt Anteile dieser Teilchenschauer in die Atmosphäre eintreten und dort Polarlichtstürme auslösen (s. Abb. 33). Die zur Sonne hin orientierten Grenzschichten des Magnetfeldes sind ruhend. Die erdnahen elektromagnetischen Zirkulationssysteme rotieren zusammen mit der Erde und werden dadurch zu rhythmischen Wellen, die Wirbel absondern.

Hier begegnen wir ein weiteres Mal dem Phänomen der Wirbelbildung durch die Eigenaktivität der Erde. Diese Wirbel entstehen, indem die Sonnenwinde auf die lebendige Erde treffen. Dort, wo die Feldlinien des Erdmagnetfelds die Sonnenpartikel in den Eintritt in die Atmosphäre zwingen, leuchten die Polarlichter auf (s. Abb. 34). In diesem Sinne ist die Gestalt der Polarlichter Ausdruck des Lebens der Erde.

Diese Eigenaktivität der Erde, die sich im Polarlicht zeigt, ist für alle, die ein solches Phänomen schon einmal erlebt haben, ein eindrucksvolles und bewegendes Schauspiel. Es sei daher im Folgenden kurz beschrieben: Die Abenddämmerung zieht sich über viele Stunden hin. Schließlich zeigt sich dort, wo die Sonne unter den Horizont geglitten ist, ein Lichtschein in sattem Gelb. Nach oben hin wird das Gelb heller und geht von Türkis über Himmelblau in dunkles Blau und schließlich in die Schwärze der Nacht über, in der ein Stern nach dem anderen aufblitzt und zuletzt das ganze Sternenmeer zu sehen ist. Plötzlich glimmt im Blau des Horizonthimmels ein fahles Grün auf und vergrößert sich zu einem steil aufragenden Band. Daneben entstehen noch zwei Bänder. Sie stehen minutenlang am Himmel,

47 Seyfried 2005, S. 78f.

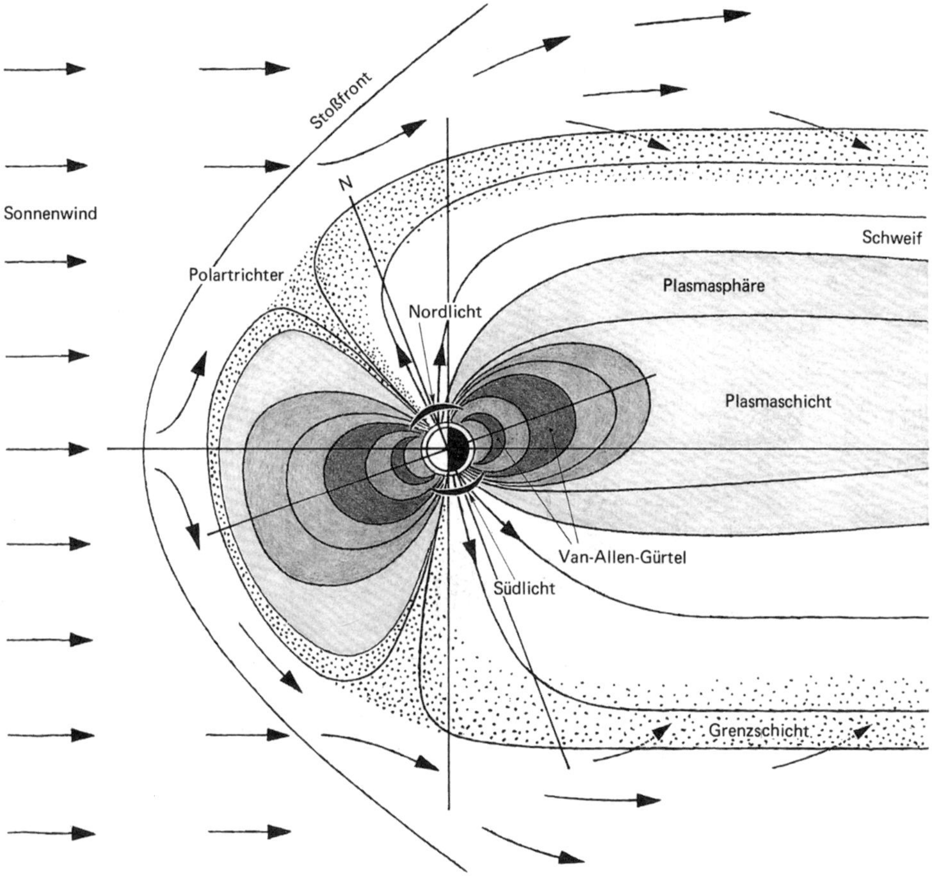

Abb. 33: Erdmagnetfeld und Sonnenwinde

und indem sie sich verbreitern, sind daraus Lichtvorhänge geworden, die gelassen verwehen. Bewegt man den Blick nicht, scheinen sie als Nachbild noch da zu sein. Nach einigen Minuten erscheinen am sternenübersäten Himmel wieder steil aufragende Lichtschleier. Mal sind sie zusammengezogen wie Scheinwerfer, mal auseinandergezogen zu zarter Durchsichtigkeit. Es werden immer mehr. Schließlich sind sie domartig um den Zenit gruppiert, bewegen sich heftig ineinander und hintereinander, mal stark beschleunigend, mal ruhiger werdend und plötzlich wieder beschleunigend, sodass der ganze Himmel über einem zu glitzern anfängt. Bei besonders

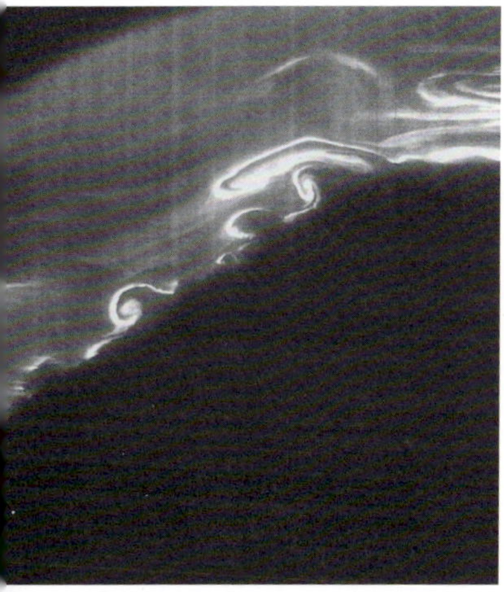

Abb. 34: Satellitenbild der Polarlichtstürme über Sibirien
Abb: 35: Polarlicht, Hammerfest, Norwegen, Februar 1998

Abb. 36: Polarlicht am frühen Abend bei Hammerfest, Nordnorwegen, Februar 1998

heftiger Bewegung können die Ränder unten noch rot und lilafarben werden. Schließlich beruhigt sich alles, und die Landschaft versinkt wieder in dunkler Konturlosigkeit.

Werden die Lichterscheinungen großflächig, sind sie kaum von Wolken zu unterscheiden; sie stehen milchig leuchtend am dunklen Nachthimmel, verschwinden dann, nur um an anderen Stellen wieder aufzutauchen. Auch die Bewegungen sind dynamisch, beweglich, fließend, webend durchscheinend. Das Ganze geschieht ohne Hektik, gelassen und doch so intensiv eilend, dass man manchmal nicht weiß, wo man hinschauen soll. Ringsum ist auf der Erde alles tief gefroren und vollkommen lautlos. Diese erstarrte, ohne jede Geräuschkulisse schlafende Erde wird von der Lichtsymphonie von oben berührt. Oft weiß man nicht, wo die verschneiten Berge und Hänge aufhören und wo der Himmel beginnt.

Die Fähigkeit zur Evolution

Wenden wir uns einem weiteren Charakteristikum zu, das Rosslenbroich als Aspekt des Lebens aufgeführt hat: der Fähigkeit zur Evolution. «Wie beschrieben, bauen Organismen einen (energetisch-stofflich-informationellen) Ungleichgewichtszustand auf. Diese Autonomie wird selbstständig geregelt, gegenüber den Umwelteinflüssen aktiv aufrechterhalten, solange dies zu schaffen ist, und in aufeinanderfolgenden Generationen immer neu realisiert. In evolutiven Ereignissen, gleich welchen Umfangs, werden diese Ungleichgewichtszustände verändert. Insofern sind es immer Subjekte, die sich entwickeln. ... Die Fähigkeit zur aktiven evolutiven Veränderung ist eine weitere spezifische Eigenschaft des Lebendigen.»[48]

Und wie sieht es hier in Bezug auf die Erde als Ganzes aus? Das Erdzeitalter der Kreide ist vor etwa 65 Millionen Jahren zu Ende gegangen, weil ein riesiger kosmischer Körper auf der Erde aufgeschlagen ist. Dunkelheit, Kälte und saurer Regen waren die Folge und führten zum Aussterben von über 90 Prozent der Arten. Darauf weisen Sedimente vom Ende der Kreidezeit hin.

48 Rosslenbroich 2018, S. 47f.

Sie bestehen fast ausschließlich aus den Resten der Schalen von Muscheln, Schnecken und vor allem Tintenfischen, die damals in großen Mengen plötzlich starben. Das Zeitalter der Dinosaurier war beendet.

Dies war zugleich der Startschuss für die Entfaltung der Säugetiere und Vögel, die zwar schon lange da waren in Form von kleinen Tieren. Doch nun entwickelten und differenzierten sie sich explosionsartig und besiedelten die Erde neu mit unzähligen Arten. Das Zeitalter der Säugetiere begann.

Im Laufe ihrer Geschichte war die Erde immer wieder in der Lage, auf extreme Anforderungen zu reagieren und wesentliche Entwicklungsschritte zu machen.

Wachstum und Entwicklung

«Spätestens seit der Entstehung der Mehrzelligkeit in der Evolution ist bei allen Organismen ein Prozess des Wachstums ein elementarer Bestandteil der Lebensvorgänge», hält Rosslenbroich als weitere spezifische Eigenschaft des Lebens fest. «Dabei werden die Pflanzen, Pilze und Tiere aber nicht nur größer, sondern durchlaufen einen komplizierten Entwicklungs- und Umgestaltungsprozess, durch den sie ihre charakteristische Form erst hervorbringen. Wie sich eine einzelne befruchtete Eizelle in einen komplexen Organismus verwandelt, ist nach wie vor ein Wunder und ein Mysterium ...»[49]

Auf die Erde bezogen: Wir kennen in den Landschaften der Erde viele Wachstums-, Entwicklungs- und Umgestaltungsprozesse. Die Landschaftsform eines Regenwaldes kann durch Klimawandel entstehen, hat ein Klimaxstadium und kann bei einem erneuten Klimawandel sich wieder verändern. Klimazonen können wachsen, schrumpfen und sich immer wieder verändern. Dabei sind sie ständig in einem unmittelbaren Zusammenhang mit den anderen Landschaftsformen der Erde. Alles ist ständiger Entwicklung und Veränderung unterworfen.

49 Rosslenbroich 2018, S. 35f.

Anpassungsfähigkeit an innere und äußere Konditionen

«Die Fähigkeit von Organismen zur Anpassung ist wieder eine im Unbelebten nicht zu findende Eigenschaft. Anpassung in diesem Sinne ist aber eine relationale Eigenschaft, eine Eigenschaft des Organismus-Umwelt-Systems. Dabei sind Autonomie und Adaptation ein zentrales Paar und abhängig voneinander.»[50] An anderer Stelle schreibt Rosslenbroich weiter: «Auf der einen Seite ist der Organismus und auf der anderen Seite die Umwelt. Der Organismus behauptet seine Lebensfunktionen zusammen mit der Bildung einer Grenze und bildet so ein ‹Anderssein› gegenüber der Umgebung. Um diesen Status aufrecht zu erhalten, braucht der Organismus regulatorische und stabilisierende Funktionen auf der einen Seite, aber er muss auch angemessen auf die Bedingungen und Einflüsse der Umwelt reagieren können. Selbstbehauptung braucht Adaptation.»[51]

Wenn wir den Blick auf die Erde richten, so finden wir etwa bei einer Landschaft das Phänomen der «Hautbildung». Ein bekanntes Beispiel sind Waldränder. Ein gesunder Waldrand ist eine Art Haut von der offenen Feldflur zum geschlossenen Wald, indem die Pflanzen in allen Übergängen immer höher werden, sodass der Wind nicht einfach ungehindert wehen kann. Wenn diese Haut fehlt, kann es bei Stürmen viel leichter zu Windbruch kommen.

Ein besonders beeindruckendes Beispiel für eine Grenze ist die Hautbildung der Erde, ist ihre Atmosphäre. Wie wir schon bemerkt haben, wird sie gebildet und in ihrer Zusammensetzung kontrolliert von den peripheren Mikroben, dem Erdentrophoblasten. Sie ist aber auch durchlässig und lässt in beiden Richtungen Stofftransport zu. Wie bei einer lebendigen Zelle ist diese Haut nur ein sehr dünner Film. Bei einem Radius der Erde von 6370 km ist die eigentliche Atmosphäre (die Wetterschicht) nur 20 km dick; wenn wir die Stratosphäre noch dazunehmen, sind es 50 km. Die Atmosphäre schützt die Lebewesen auf der Erde. Sie filtert die aggressiven kosmischen UV-Strahlen weg, schirmt uns von den meisten Meteoriteneinschlägen ab und hält

50 Rosslenbroich 2014, S. 230f.

51 Rosslenbroich 2018, S. 52f.

die Temperaturen auf der Erde konstant. Dies ist eine unmittelbare Leistung des Lebens der Erde. Zur «Hautbildung» tragen aber auch die Ozonschicht und das schon erwähnte Erdmagnetfeld bei.

Fortpflanzung und Tod

Fortpflanzung ist ja nichts anderes als neu individualisiertes Entstehen und Vergehen, also ein Wachsen und Erhalten über das Individuum hinaus. Es ist die Erhaltung einer Gruppe von Lebewesen über die Zeit, auch wenn das einzelne Individuum vergeht. Verjüngung kann so in der Landschaft zum Beispiel über einen Waldbrand geschehen. Dadurch kann sich wieder eine Abfolge von Pflanzengesellschaften einstellen, bis sich wieder Wald gebildet hat. Der Mensch kann aber auch verjüngend in die Landschaft eingreifen. So zerstörte er etwa in Mitteleuropa alte, artenarme Landschaften wie den Wald, und es entstand eine viel artenreichere Kulturlandschaft (die mitteleuropäische Kulturlandschaft; siehe das Kapitel 10, «Partnerschaft mit der Erde», S. 158ff.). Etwas Ähnliches kennen wir inzwischen auch von den Regenwäldern Brasiliens. Auch die Indianer Mittelamerikas haben in vorkolumbianischer Zeit Fruchtbaum-Urwälder gepflanzt.[52] Der Mensch kann konstruktiv Landschaft weiterentwickeln. Er kann die Landschaftsentwicklung steigern, indem er konstruktiv eingreift. Dann wäre die «vordringlichste aller Aufgaben: die Trennung von Natur und Kultur zu überwinden», wie der Ökologe Andreas Suchantke feststellt.[53]

Entstehen und Vergehen kennen die Astronomen auch von Planeten und ganzen Sonnensystemen. Ein Planet formt sich und kann sich geologisch entwickeln, sodass sich das Spektrum seiner Gesteine über die Zeit langsam ändert. So zeigt die Frühzeit der Erde im Präkambrium eine Reihe von Gesteinen, die heute nicht mehr entstehen, wie die Komatiite und die Magmatite, die sich bei sehr hohen Temperaturen bildeten, Bändereisenerze, eisenreiche Sedimentgesteine, die aus einem eisenlösenden Ozean ausfielen, und

52 Suchantke 1993, S. 239f.
53 Suchantke 1993, S. 228f.

die seltenen feldspatreichen Anorthosite. Ein alternder Planet – ein Vorgang, der für die Erde noch in weiter Ferne liegt – wird geologisch inaktiv, indem etwa die Plattentektonik und der Vulkanismus zum Erliegen kommen.[54]

Spiralen – Wellen – Wirbel

Zum Abschluss dieses Kapitels sei noch ein weiterer Punkt vorgebracht, der schon mehrfach auftauchte: In Zusammenhang mit dem Leben können sich Spiralen, Wellen und Wirbel bilden. Sie geben dem Leben vielfach einen gestaltlichen Ausdruck.

Wir finden die Schraube als Grundform biologisch aktiver Substanzen, zum Beispiel bei der Erbsubstanz der DNA im Kern jeder lebenden modernen Zelle oder bei den verschiedenen Zuckern. Die Erbsubstanz wurde von James Watson und Francis Crick 1953 als Doppelhelix zum ersten Mal in seiner räumlichen Struktur beschrieben. Wir alle lernen heute in der Schule dieses zu einer Wendeltreppe gedrehte «Strickleitermodell» kennen.

Auch organische Zucker haben immer eine eindeutige Drehrichtung. Das erste Produkt der Fotosynthese ist die rechtsdrehende Glucose. Die Drehung der Zuckermoleküle kann man optisch sichtbar machen, indem man eine Zuckerlösung mit polarisiertem Licht von unten anleuchtet. Es erscheint eine Schraube in allen Regenbogenfarben (Abb. 37).

Bei vielen Würmern und den Weichtieren finden wir das Phänomen der Spiralfurchung. Wenn sich die befruchtete Eizelle teilt, dann vollzieht sich die Teilung der Zellen so, dass sich die entstehenden Zellen spiralig anordnen. Das Leben beginnt mit Spiralbildung.

Bei den Haien und Rochen wird die für die Verdauung nötige Vergrößerung der Darmoberfläche nicht durch eine Verlängerung des Darmes erreicht, sondern durch eine Falte, die wie eine enge Wendeltreppe gewunden ist. So wird die Nahrung, die durch den Darm wandert, auf dieser Wanderung wie in einer großen Schraube spiralisiert.

Beim Sifaka, einem Halbaffen aus Madagaskar, hat der Dickdarm nicht wie

54 Seyfried 2005, S. 82f.

Abb. 37: Optische Aktivität einer Glucoselösung

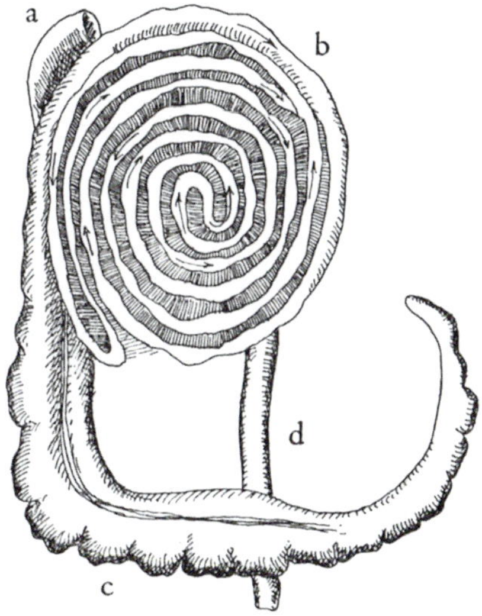

Abb. 38: Dickdarmspiralisierung beim Halbaffen Sifaka. a Dünndarm, b Dickdarmspirale, c Blinddarm, d Enddarm

beim Menschen nur eine einfache Drehung, sondern die Drehung ist um ein Vielfaches verstärkt und erscheint als Spirale.

Wir alle kennen die unzähligen, wunderschönen gewundenen Gehäuse der Schnecken, Muscheln und Tintenfische. Sie zeigen mit der Bildung ihrer

Abb. 39: *Conus betulinus*, Madagaskar

Abb. 40: Japanisches Seeohr (*Haliotis discus*) Japan

Abb. 41: Flugspuren von Insekten, Milane und Möwen und Kolkraben
Abb. 42: Flugspuren von Rheinfliegen, Stein am Rhein 2014

Abb. 43: Tropisches Tiefdruckgebiet

Gehäuse immer schon die Schraubenbildung als Ausdruck des Lebens. Das Wachstum der Gehäuse folgt der Eulerschen Zahl 2,718281... . Sie beschreibt den Wachstumsbetrag, um den in jedem Augenblick mehr gewachsen werden kann, weil das vorherige Wachstum selbst neu wachstumsfähige Substanz gebildet hat.

Die beeindruckenden Iskiographien (die Sichtbarmachung von Vogel- oder Insektenspuren in der Luft) von Lothar Schiffler zeigen, dass die Flugbahnen von Vögeln und Insekten vielfach fantastische Schrauben und Wellen sind. Das Leben zeichnet Schrauben und Wellen in die Luft, die sich selbst ständig in Wirbeln und Wellen bewegt. Lebewesen fliegen meist nicht einfach geradeaus wie ein Flugzeug, sondern bewegen sich im Luftraum so wie die von der Erde belebte Luft in Wellen und Schrauben (Abb. 41 und 42).

Hochdruckgebiete drehen sich auf der Nordhalbkugel mit dem Uhrzeigersinn und Tiefdruckgebiete gegen den Uhrzeigersinn und geben damit der lebendigen Atmosphäre ihren gestaltlichen Ausdruck. Dies sieht man besonders schön bei Satellitenaufnahmen von tropischen Wirbelstürmen.

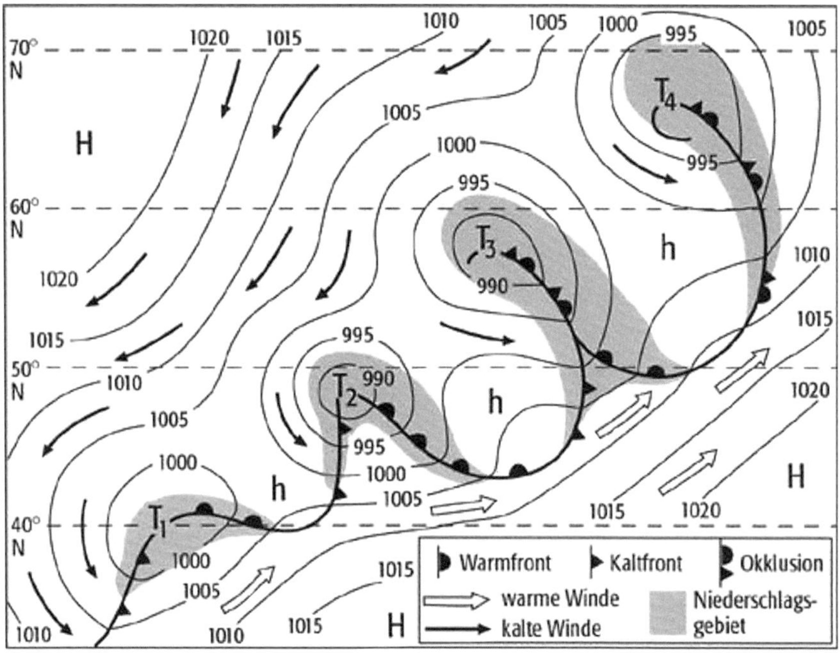

Abb. 44: Zyklonenfamilie

Ursache dafür ist auch hier die Eigenaktivität der Erde, weil sie sich um ihre eigene Achse dreht.

Ein weiteres Phänomen: Die Westwinde zwischen den Tropen und dem Pol fließen nicht einfach geradeaus, sondern verlaufen wellenförmig (man bezeichnet sie als Rossby-Wellen). Entlang des Nordrandes der Westwinddrift, an der Frontalzone, können sich sogenannte Zyklonenfamilien als Wirbel abschnüren. Es entsteht eine eindrucksvolle Perlenkette an Tiefdruckgebieten. Das bemerken wir schmerzlich, wenn Tief auf Tief heranzieht und das schlechte Wetter kein Ende nimmt. Die Westwinddrift fängt also erst an, in Wellen zu mäandrieren, und daraus schnüren sich dann Wirbel ab, die wir als Hochs oder Tiefs kennen.

Auch die Zugbahnen der großen tropischen Tiefs, die wir in Amerika «Hurrikans» und in Asien «Taifune» nennen, verlaufen nicht linear, sondern infolge der Erdumdrehung durch die Corioliskraft immer in Bögen oder Andeutungen von Wirbeln.

Abb. 45: Die Spiralgalaxie NGC 4594 trägt den Spitznamen «Sombrero»

Damit stellt sich die lebendige Eigenaktivität der Erde, sich zu drehen, als etwas sehr Wesentliches für das Leben der Erde heraus. Viele der oben erwähnten Vorgänge werden dadurch, dass sie sich in Schrauben, Wellen oder Wirbeln bewegen, verlebendigt.

Die Spiralbahnen der Materieströme im äußeren Erdkern (Erdmagnetismus) ebenso wie die Spiralbahnen der Plasmaströme aus dem Kosmos in Erdnähe (Polarlicht), die durch die Drehung der Erde um ihre Achse (also ein Prozess der Eigenaktivität) entstehen, sind weiter oben (S. 85ff.) schon erwähnt worden. Auf die spiralige Bahn der Erde durch das All haben wir ebenfalls schon hingewiesen. Auch die Spiralform nicht nur unserer Heimatgalaxie, der Milchstraße, sondern von allen Galaxien, ist ein eindrucksvolles Phänomen.

7. Lebensprozesse der Erde am Beispiel des Jahreslaufes

Jeder kennt es von sich selbst: Wenn man einigermaßen regelmäßig wacht und schläft und wenn man einigermaßen regelmäßig etwas isst, dann unterstützt das die Gesundheit und stärkt das Immunsystem. Rhythmus ist ein wesentliches Charakteristikum des Lebens. Die meisten Organismen auf der Erde erhalten von der Erde den 24-Stunden-Rhythmus, weil die Erde sich um sich selbst dreht; und die meisten Organismen sind zudem eingebettet in den Jahreslauf, der dadurch entsteht, dass die Erde binnen zwölf Monaten um die Sonne wandert. Einjährige Pflanzen bekommen durch die Tageslänge an einem bestimmten Tag im Frühjahr mitgeteilt, dass sie im Sommer blühen werden. Auch viele Tiere sind in ihrem Fortpflanzungsgeschehen eng in den Jahreslauf eingebunden. Rehe haben immer Ende Juli, Anfang August Brunft, Rothirsche im September / Oktober. Beide Tierarten bringen ihre Jungen im Mai zur Welt. Es wird also gerade das mit dem Leben so unmittelbar zusammenhängende Fortpflanzungsgeschehen von der lebendigen Erde gelenkt und unterstützt. Der Jahreslauf ist für Pflanzen und Tiere ein wichtiger Zeitgeber, um die Lebensprozesse zu koordinieren und zu ordnen.

Im Folgenden soll dieses Jahreslaufgeschehen der Erde ausführlich in den Blick genommen werden. Denn wir erfahren hier viel über die Lebensprozesse der Erde selbst. Es soll mit Europa begonnen werden, und dann blicken wir auf die Verhältnisse in den mittleren Breiten in Nordamerika und in Russland–Asien. Abschließend schauen wir noch kurz auf die Prozesse am Pol und am Äquator.

Europa steht im Spannungsfeld zweier großer polarer Gegensätze. Die nordische Kälte Skandinaviens steht dem südlichen Wärmestau der Mittelmeerländer gegenüber; und auch das feuchte, atlantische Klima Westeuropas (die Durchschnittstemperatur in Brest beträgt im Januar +6,1 °C, im Juli +16 °C) und das trockene, kontinentale Klima des Ostens (die Durchschnittstemperatur in Jakutsk liegt im Januar bei –43 °C, im Juli bei +18,8 °C) bilden einen Gegensatz. Diese polaren Spannungen gelten räumlich, klimatisch und biogeografisch.

Wie sieht das im Einzelnen aus?

«Der *Golfstrom* wärmt die Westküste Nordeuropas so stark auf, dass die Küste Skandinaviens durchschnittlich um gut 5 °C wärmer ist, als sie ihrer Breitenlage nach sein dürfte. So finden wir die Treibeisgrenze vergleichsweise weit nach Norden verschoben. Die Folge ist, dass auf gleicher geografischer Breite am Polarkreis in Grönland Inlandeis steht, in Skandinavien aber Ackerbau möglich ist, und die Häfen Norwegens das ganze Jahr über eisfrei bleiben. So hat Bergen, an der Westküste Norwegens gelegen, die gleiche Jahresmitteltemperatur wie Erfurt (7,8 °C). Unter vergleichbaren Umständen würde man in Münster (Jahresmitteltemperatur 9,3 °C) das heutige Klima von Marseille (Jahresmitteltemperatur 14,2 °C) finden.»[55]

Die Sahara ist die größte zusammenhängende Wüste auf der Erde. Das *Mittelmeer* schirmt Europa von der lebensvernichtenden Gluthitze der Sahara ab. Das Ausmaß der Kühlung wird deutlich am höheren Salzgehalt des Mittelmeeres (3,9 Prozent) gegenüber dem des Atlantiks (3,5 Prozent). Glühende Wüstenwinde überqueren das Mittelmeer und werden auf ihrem Weg nach Europa hier abgekühlt. Dabei verdunstet so viel Wasser, dass der Salzgehalt leicht steigt. Die Wüstenwinde gelangen also höchstens in abgemilderter Form nach Europa, etwa nach Unteritalien als staubreicher Schirokko. Selten können solche Winde auch die Alpen überqueren. Dies bemerken wir noch am ehesten nach Schneefall im Winter, wenn der Wüstenstaub den weißen Schnee rotbraun färbt oder wenn sich lange Schlangen vor den Auto-

55 Schad, A. 1998, S. 107ff.

waschanlagen bilden, weil die stolzen Autobesitzer ihre Karossen blank und frei von Staub haben wollen.

Betrachtet man die *Mittelmeerküste* Europas, so ist sie viel stärker zergliedert als die Küste auf der afrikanischen Seite. Die Folge ist ein stärkerer Klimaausgleich. Die iberische Halbinsel (Spanien und Portugal) fällt durch ihre kompakte Form auf. Nur die Balearen sind als Inseln der Ostküste vorgelagert. Durch die westliche Lage ist hier die Gefahr für ein zu trockenes Klima relativ am geringsten. Die Gestalt Italiens ist schon deutlich in die Länge gezogen. Der Süden gliedert sich in «Sporn», «Absatz» und «Stiefelspitze». Als Inseln finden wir Korsika, Elba, Sardinien und Sizilien. Griechenland liegt bereits stark im kontinentalen Bereich. Meer und Land durchdringen sich am meisten. Besonders nach Osten hin zerstreuen sich viele Inseln über das Meer. Welch wunderbarer Ausgleich des Klimas und Abmilderung des Extrems für Mitteleuropa! Geht man von der Ägäis aus noch weiter nach Osten, so erkennt man, dass das Wasser in Form von Meeren und Becken in die östliche Kontinentmasse eindringt; Ägäisches Meer, Schwarzes Meer, Kaspisches Meer, Aralsee. Die von Süden her vordringende Dürre wird gegen Osten hin immer weniger aufgehalten bzw. ausgeglichen.

In *Nordeuropa* findet sich Ähnliches. An der Westküste Norwegens befindet sich ein *Gebirge*. Die mit der Höhe zunehmende Kälte kann aber durch den Golfstrom ausgeglichen werden. Nach Osten hin, wo das kontinentale Frostklima Nordrusslands seinen Einfluss geltend machen kann, gehen zum einen die Höhen zurück, zum anderen mildert die Ostsee die nördlichen und östlichen Klimaeinflüsse ab. Die Ostsee dringt als Bottnischer, Finnischer und Rigascher Meerbusen dorthin vor, wo die Kältegefährdung ist. Außerdem fallen die etwa sechzigtausend Seen Finnlands auf; die Anzahl nimmt nach Russland hin schnell ab. Entsprechend lässt auch ihre mäßigende Wirkung nach Osten hin nach. Wir finden weit im Norden Europas noch einmal dieselbe Geste wie im Süden, nämlich die nach Osten zunehmende Ausgleichswirkung des Wassers. Der geringe Salzgehalt der Ostsee zeigt die geringe Verdunstung (im Bottnischen Meerbusen finden wir einen Salzgehalt von nur noch 1–2 Prozent vor). Die Ausgleichsströmung verläuft hier so, dass ausgesüßtes Meerwasser an der Oberfläche aus der Ostsee ausströmt und am Meeresgrund salzhaltiges (schweres) Nordseewasser einströmt.

Abb. 46: Die Alpen als Klimabarriere Europas. Berglandschaft bei Obersaxen, Schweiz, 30. Mai 2021

Eine wichtige Rolle spielen auch die *Alpen*. Dieses ost-westlich streichende Hochgebirge verhindert, dass Hitzewellen aus dem Süden zu weit in den Norden gelangen und dass Kältevorstöße aus dem Polarbereich den Süden erreichen. Die Alpen beeinflussen somit wesentlich das Klima in Europa und sind eine wichtige Barriere für Luftpakete. Man stelle sich vor, die Alpen stünden nicht dort, wo wir sie heute finden, sondern ein paar hundert Kilometer weiter nördlich am Rande der Nord- und Ostsee. Dies hätte zur Folge, dass Nordeuropa kälter wäre, als es unter den gegebenen Umständen ist, und Süd- und Mitteleuropa wären wesentlich wärmer, weil die heiße afrikanische Saharaluft viel ungehinderter nach Norden vordringen könnte. Wir finden auch hier das Motiv, dass die physiogeografischen Gegebenheiten mäßigend und mildernd auf die klimatische Situation einwirken.

In welch wunderbarer Weise ist Europa organismisch gestaltet! Überall finden wir den gemäßigten Ausgleich, wie er jedem lebenden Organismus

Abb. 47: Krokuswiese bei Obersaxen, Schweiz, 30. Mai 2021

Abb. 48: Moorlandschaft südlich von Pärnu, Estland, 31. Juli 2022

eigen ist. Bioklimatisch ist Europa also nicht nur ein Anhängsel der viel größeren Landmasse Asiens, sondern ein eigenständiger geografischer Organismus. Die Mitte Europas profitiert so am meisten von den ausgleichenden und harmonisierenden Phänomenen, die sich durch die Gestalt Europas und durch die Land-Meer-Verteilung ergeben. Die Beschreibung dieser zeitlichen Vorgänge in ihrer ausgleichenden und rhythmischen Art ist daher zugleich eine Charakterisierung der Lebensvorgänge der Erde. Die jahreszeitlichen Erscheinungen seien im Folgenden kurz beschrieben.

Jahreszeiten

Winter

Mit dem Flacherwerden der Sonnenbahn und der abnehmenden Tageslänge geht eine Abkühlung einher. Das kennen wir, natürlich. Die ersten Nächte mit Raureif treten auf. Der Frost zaubert eine feine weiße Schicht gefrorener Nebeltröpfchen herbei. Die Tendenz der Abkühlung ist zwar jedes Jahr unterschiedlich stark ausgeprägt, aber als solche eindeutig. Und so verbinden wir ja mit dem Winter auch Kälte. Interessant ist nun, dass es in Mitteleuropa den Winter mit dauerhafter Kälte und Schnee, den wir uns immer vorstellen, von Ausnahmen abgesehen, nicht gibt. Die Abkühlung wird immer wieder unterbrochen durch typische Wärmevorstöße in Form von Tiefdruckgebieten vom Atlantik her, die uns schmuddeliges, aber mildes Westwetter bringen. Echtes Winterwetter prägt sich aber erst in Zusammenhang mit Hochdrucklagen aus, die kalte Luft aus Nordeuropa oder Russland zu uns führen. Jetzt wird es kalt, der Schnee, der beim Übergang vom Tief zum Hoch gefallen ist, bleibt liegen, und wir erfreuen uns an der weißen Winterlandschaft. Oft bildet sich Mitte Dezember ein Hoch aus; es hat etwas geschneit, und alle freuen sich auf weiße Weihnachten. Doch meist kurz vor den Weihnachtstagen, spätestens in den letzten Tagen des Jahres, erfolgt wieder eine Umstellung der Großwetterlage, die als Weihnachtstauwetter bekannt ist und die schon vielen Wintersportlern den Skiurlaub verdorben hat, zumal das Auftauchen dieses atlantischen Tiefs mit verblüffender Regelmäßigkeit in der Zeit «zwischen den Jahren» erfolgt. Die Temperaturen steigen an, der Luftdruck sinkt stark ab, es regnet.

Abb. 49: Neustrelitz, November 2019
Abb. 50: Schwäbische Alb, Januar 2010

Abb. 51: Stuttgart, 7. März 2010

Abb. 52: Stuttgart, 27. Februar 2022

Dieser Wechsel zwischen der Neigung zu Hochdruck- oder zu Tiefdrucklagen erfolgt rhythmisch pulsierend im Laufe des Dezembers, Januars und Februars mehrmals. Bezeichnend ist, dass die Tiefdrucklagen die typische Ausprägung des Winters abmildern oder sogar weitgehend aufheben und sich winterliche Verhältnisse im klassischen Sinne nur bei Hochdrucklagen ausbilden können, wobei beides zum mitteleuropäischen Winter gehört.

Frühjahr

Die Temperaturgegensätze zwischen dem «warmen» Ozean und dem «kalten» Festland gleichen sich im Februar wieder stärker aus, und schroffe Witterungsumschwünge sind seltener. Das Drehen der charakteristischen Winde in Nord-Süd-Richtung setzt ein, im März findet sich ein Maximum an Kälteeinbrüchen von Norden. Wir nennen diese Zeit, die jetzt folgt, Vorfrühling. Auffallend sind die heftigen täglichen Temperaturschwankungen von zum Teil über 20 °C. So wird es im März schon wunderbar warm am Tag. Abends kann man aber noch nicht wirklich draußen sitzen, weil es jeden Abend stark abkühlt. Andererseits lässt dieses Gleichgewicht von Ein- und Ausstrahlung die mittleren Temperaturen nicht mehr absinken.

Abb. 53: Stuttgart, 25. Mai 2020

Abb. 54: Dürrenmettstetten, 17. Juli 2020

Im Frühling tritt nun der Gegensatz zwischen Äquator und Pol wieder stärker in Erscheinung. Die Erde atmet durch. Im ganzen Frühjahr, vor allem im April, ist die Launenhaftigkeit des Wetters so groß, dass von Regelfällen keine Rede sein kann. Gegensätzliche Wetterlagen wechseln sich in bunter Reihenfolge ab. Normale Westlagen sind im April geradezu selten.

Sommer

Im Mai verliert sich die Unregelmäßigkeit des Wettergeschehens allmählich. In der ersten Monatshälfte treten aber noch die typischen Kälterückfälle auf, die wir etwa als Eisheilige kennen. Ende Mai findet ein deutlicher Umschwung statt. Der Kontinent im Osten ist überhitzt. Die weitere Aufheizung wird bei uns abgemildert oder sogar verhindert durch die für den mitteleuropäischen Sommer typischen Kaltlufteinbrüche. Es sind wieder atlantische Tiefdruckgebiete, die diesmal kühle Meeresluft bringen. Diese Kaltlufteinbrüche werden «europäischer Sommermonsun» (M) genannt. Der Gegensatz zwischen Ozean und Kontinent (West/Ost) tritt wieder in

Abb. 55: Stadtwald Stuttgart, 31. Oktober 2020

Abb. 56: Nebel steigt aus dem Neckartal auf, 26. Oktober 2020

den Vordergrund. Solche Kälteeinbrüche treten oft Anfang Juni (M1), Mitte Juni (M2, Schafskälte, in 89 Prozent aller Jahre), und Ende Juni (M3) (Lostagsregeln) auf sowie Anfang Juli (M4), Mitte bis Ende Juli (M5), Anfang August (M6) und Mitte August (M7).

Getrennt werden die Monsunwellen von Zeitabschnitten stärkerer Neigung zu Hochdruckwetter. Während dieser Phasen kann sich der Sommer wieder stärker ausprägen. Witterungsextreme werden aber durch die Kaltlufteinbrüche verhindert oder abgemildert. Wir finden also etwas Ähnliches wie im Winter, nur mit umgekehrten Vorzeichen.

Im August ist dann der zunehmende Ausgleich der Temperaturen zwischen Ozean und Festland (wie im Februar) zu verzeichnen.

Herbst

Ähnlich wie beim Vorfrühling wird auch im Herbst der Umschlag der Jahreszeit häufig durch eine Hochdruckperiode gekennzeichnet, die wir Altweibersommer oder Frühherbst nennen.

Ab Mitte September bilden sich dann im Polargebiet wieder hochreichende Kaltluftmassen, die in Form von Kälteeinbrüchen und Stürmen über Europa von Norden nach Süden hinwegfegen. Der Abfall der Temperaturen vollzieht sich noch schneller als der Anstieg im Frühjahr. Trotz der Tagundnachtgleiche sind die täglichen Temperaturschwankungen geringer als im Frühjahr, da viel Wasserdampf und trübende Teilchen durch die sommerliche Konvektion in die oberen Schichten der Atmosphäre geschafft wurden. Allerdings kann bei kontinentaler Luftzufuhr der Wasserdampfgehalt sehr rasch abnehmen, sodass die Intensität der direkten Sonneneinstrahlung trotz sinkender Sonnenhöhe höhere Werte erreicht als im Hochsommer. Das gilt dann aber auch für die nächtliche Auskühlung. Über der noch warmen Erde bilden sich die herbstlichen Nebeldämpfe.

Die Jahreszeiten Europas im Vergleich

Die Gültigkeit des geschilderten Jahresganges des Witterungsgeschehens kann in seinen Grundzügen für die vergangenen vierhundert Jahre als belegt angesehen werden.[56] Das ist sehr bemerkenswert, umfasst diese Zeitspanne doch Perioden ganz verschiedenen Klimas. So gab es Anfang des 17. Jahrhunderts Jahre, da konnte man in Süddeutschland im Januar Erdbeeren ernten.[57] Dann erfolgte eine sogenannte kleine Eiszeit, die die Gletscher in den Alpen wachsen ließ. Diese schmolzen ab Ende des 19. Jahrhunderts durch die beginnende Erderwärmung wieder stärker ab.

Trotz dieses über Jahrhunderte stattfindenden Oszillierens des Klimas lassen sich bleibende Züge im unruhevollen Wechselspiel des Wetters herausarbeiten.

Im Winter verstärkt sich tendenziell der Klimaeinfluss der nördlichen Breiten auf Mitteleuropa. Dies geschieht allerdings in viel geringerem Ausmaß als sonst auf der Erde. Die damit verbundene Abkühlung prägt sich über dem Land (vor allem dem russisch-asiatischen Kontinent) viel schneller und auch stärker aus als über dem Ozean (Atlantik). Dadurch kommt es zu einem starken Ost-West-Gegensatz mit vorwiegendem Luftaustausch zwischen Kontinent und Meer. Die Abkühlung wird nun aber immer wieder

56 Flohn 1954, S. 119f.

57 Düwel-Hösselbarth 2002, S. 63f.

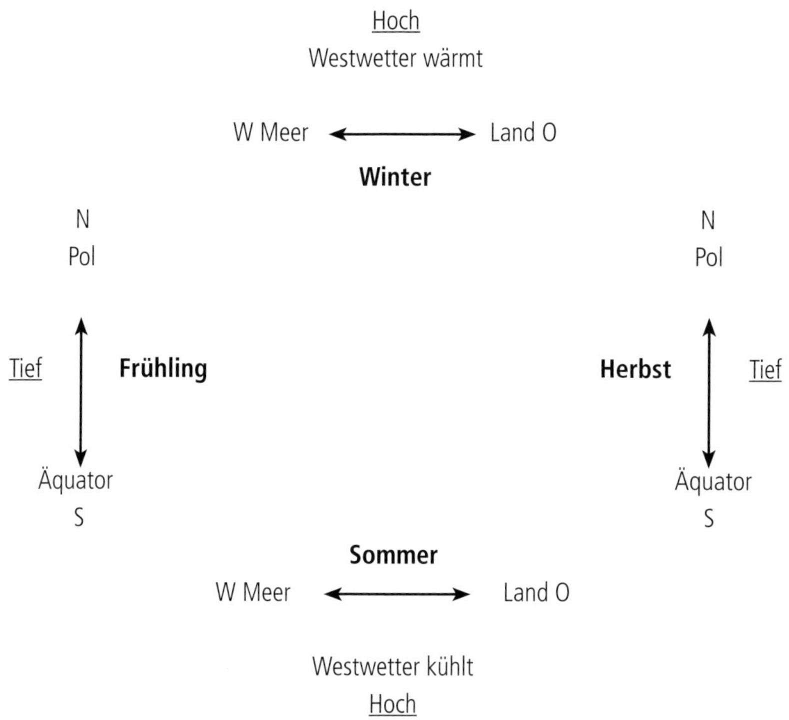

unterbrochen und abgemildert durch wärmende Westwettereinflüsse. Extremer Winter prägt sich bei Hochdruck aus.

Im Frühling zeigt sich nun wieder stärker der Gegensatz zwischen Äquator und Pol. Der Nord-Süd-Gegensatz tritt in den Vordergrund. Die Launenhaftigkeit des Aprilwetters wird am deutlichsten durch Tiefdruckgebiete charakterisiert, die ja gerade durch die Begegnung von nördlichen und südlichen Luftmassen entstehen.

Zum Sommer hin und während desselben verstärkt sich tendenziell in den mittleren Breiten der Klimaeinfluss der Subtropen. Er ist aber in Europa stark abgeschwächt. Die Kontinentalmasse heizt wieder stärker und schneller auf als der Ozean. Wie im Winter tritt der Ost-West-Gegensatz stärker in Erscheinung mit den typischen Westwettereinbrüchen, die nun aber, entsprechend der Jahreszeit, kühlen und die Aufheizung abmildern. Und wie im

Winter prägt sich die für die Jahreszeit typische Witterung deutlicher bei Hochdruck aus.

Der Herbst ist in Mitteleuropa – wie der Frühling – durch den sich nun ausprägenden Nord-Süd-Gegensatz und überwiegenden Nord-Süd-Luftaustausch gekennzeichnet. So wechseln mit erstaunlicher Regelmäßigkeit alle drei Monate die dominierenden Einflüsse aus Norden/Süden und Westen/Osten. Der mitteleuropäische Jahreslauf kann in seiner einzigartigen Ausgewogenheit innerhalb des Erdganzen als phänomenales Urbild angesehen werden.

Hochs und Tiefs kommen zu einer bestimmten Jahreszeit nicht häufiger vor. Sie charakterisieren aber jeweils eine der Jahreszeiten. So atmet die Erde hier beim Ausgleich der nördlichen und südlichen Extreme im Frühjahr und Herbst tief ein und aus. Den Ausgleich der Gegensätze zwischen dem riesigen Atlantik im Westen und dem gewaltigen Kontinentblock im Osten im Sommer und im Winter könnte man mehr als ein Pulsieren beschreiben. Dieser dreimonatige Wechsel zwischen *«Atmen»* und *«Pulsieren»* gemeinsam mit der differenzierten Land-Meer-Verteilung und den Alpen hat ein Klima zur Folge, das die Extreme so weit wie möglich vermeidet und sich durch seine besondere Milde und Ausgeglichenheit charakterisiert.

Der durch den Menschen verursachte Klimawandel bedroht diese besonderen Eigenschaften des mitteleuropäischen Klimas. Die Sommer zeichnen sich mehr und mehr durch extreme *Hitze* und *Trockenheit* aus. Die Folgen dieser extremen Trockenheit kann man überall sehen. Im Wald sterben die Bäume ab. Die vielen toten, braunen Fichten mahnen uns eindringlich. Die Winter bringen immer öfter fast keinen Schnee mehr. Sie werden zu mild. Gleichzeitig kann es extreme *Kälteeinbrüche* geben. In den letzten Jahren war es geradezu charakteristisch, dass sich Ende Februar über dem östlichen Finnland ein Hochdruckgebiet festsetzte und nach Europa eisige Luft geschaufelt wurde. Die Folge waren tagsüber Temperaturen von −10 °C und nachts von etwa −20 °C, und das über viele Tage hinweg. Als Drittes kann man die deutliche Zunahme von extremen *Stürmen* nennen.

Die folgenden drei Tabellen (aus Wikipedia, ergänzt vom Autor) verdeutlichen das Gesagte.

Stürme

1700 – 1799

Großer Sturm	Sturm	**1703** 24. Nov.	England
Hamburger Flut	Sturmflut	**1771**	Hamburg

1800 – 1899

Orkan	Sturm	**1822** 11. März	Nordseeländer
Orkan	Sturm	**1876** 12. März	Mitteleuropa
The Great Storm	Sturm *wie Daria 1990*	**1884** 26. Jan.	Nord-Mitteleuropa
Orkan	Sturm *wie Lothar 1999*	**1894** 12. Febr.	Nord-Mitteleuropa

1900 - 1999

Elbe-Orkan	Sturm	**1936** 26./27. Okt.	Nordsee
Sturm	Sturmflut	**1953** 1. Febr.	Nordseeküste
Orkan Skane	Sturm	**1967** 17. Okt.	Deutschland
Orkan Quimburga	Sturm *bis 200 km/h*	**1972** 13. Nov.	Norddeutschland
Orkan Capelle	Sturm	**1976** 3. Jan.	Nordsee
Orkan	Sturm	**1987** 15. Okt.	Westeuropa
Orkan Daria	Sturm	**1990** 25. Jan.	Nordwest-Mitteleuropa
Orkan Vivian	Sturm *schwerster Sturm*	**1990** 25. Febr.	Nordwest-Mitteleuropa
Orkan Wiebke	Sturm *schwerster Sturm*	**1990** 28. Febr.	Mitteleuropa
Orkan Anatol	Sturm	**1999** 3. Dez.	Nord-Mitteleuropa
Orkan Lothar	Sturm *größter bekannter Forstschaden*	**1999** 26. Dez.	Mitteleuropa

2000-2022

Orkan Jeanett	Sturm	**2002** 27. Okt.	West- u. Mitteleuropa
Orkan Gudrun	Sturm	**2005** 8. Jan.	Nord-Mitteleuropa

Orkan Kyrill	Sturm	2007 18. Jan.	Nordwest- bis Osteuropa
	stärkster Sturm seit Lothar, 203 km/h		
Sturmtief Paula	Sturm	2008 26./27. Jan.	Deutschland
Orkan Emma	Sturm	2008 29. Febr. –	Mitteleuropa
	bis 152 km/h	2. März	
Orkan Klaus	Sturm	2009 24. Jan.	Westeuropa
Sturmtief Daisy	Kälte/Schnee	2010 5.-11. Jan.	West- und Mitteleuropa
Orkan Xynthia	Sturm	2010 26.-28. Febr.	West- und Mitteleuropa
	fast wie Lothar		
Sturmtief Andrea	Sturm/Schnee	2010 7.-10. März	Mittelmeerraum
	schwere Schneefälle		
Sturmtief Norina	Sturm	2010 12. Juli	Deutschland
Orkan Christian	Sturm	2013 28. Okt.	West- und Nordeuropa
	bis 172 km/h		
Orkan Xaver	Sturm	2013 4./6. Dez.	West- und Mitteleuropa
	zweitstärkste Sturmflut in Hamburg seit 1825		
Tief Ela	Sturm	2014 9. Juni	Deutschland
	bis 144 km/h		
Orkan Niklas	Sturm	2015 31. März	Mitteleuropa
	bis 162 km/h		
Unwetter	Unwetter	2016 Mai/Juni	Mitteleuropa
Tief Axel	Sturmflut	2017 4./5. Jan.	Mitteleuropa
Tief Rasmund	Starkregen	2017 29./30. Juni	Brandenburg/Berlin
			Oranienburg: 269 mm in 36
Sturmtief Xavier	Sturm	2017 5.Okt.	Mitteleuropa
Orkan Heward	Sturm	2017 29. Okt.	Mitteleuropa
	bis 176 km/h		
Sturmtief Burglind	Sturm	2018 2./3. Jan.	Mitteleuropa
Orkan Friederike	Sturm	2018 15.-20. Jan.	Mitteleuropa
Unwetter	Sturm	2018 Okt.-Nov.	Alpen/Adria
Unwetter	Sturm	2019 Sept.	Spanien
Unwetter	Sturm	2019 Nov.	Mittelmeerraum

Orkan Sabine	Sturm	**2020** Februar	Mitteleuropa
Sturmtief Bella	Sturm	**2020** Dez.	Frankreich, England
Sturmtief Bernd	Sturm *schwerste Überschwemmungen*	**2021** 12.-15. Juli	Mitteleuropa
Sturmtief Ignatz	Sturm	**2021** 21. Okt.	Mitteleuropa
Sturmtief Arwen	Sturm *bis 160 km/h*	**2021** 27. Nov.	Südengland
Sturmtief Nadia	Sturm	**2022** 30. Jan.	Norddeutschl., England
Orkan	Sturm *bis 162 km/h*	**2022** 18. Febr.	Norddeutschl., England
Sturmtief Polly	Sturm *130 km/h*	2023 5. Juli	Norddeutschland

Hitze

Hitzewelle	Hitze	**1616** Sommer	Süddeutschl./Schweiz
Hitzewelle	Hitze *stärkstes Dürrejahr seit 1540*	**2003** Aug.	Mittel- und Südeuropa
Hitzewellen	Hitzewellen *Südeuropa: > 46 °C*	**2015** Juni-Sept.	Süd-, Mittel-, und Osteuropa
Hitzewelle	Hitze/Dürre	**2018** April-Dez.	Europa
Hitzewellen	Hitze/Dürre *Hitzerekord Lingen: 42,6 °C*	**2019** Juni und Juli	Mitteleuropa
Hitzewelle	Hitze/Dürre *bis 40 °C*	**2020** Sommer	Mitteleuropa
Hitzewelle	Hitze/Dürre *bis 40 °C*	**2022** Sommer	Europa

Kälte

Kältewelle	Kälte *Jahrtausendwinter*	**1739/40**	Europa
Kältewelle	Kälte	**1788/89**	Süddeutschl./Schweiz

Kältewelle	Kälte *schwerster Winter im 20. Jahrhundert*	1946/47	Europa
Kältewelle	Kälte *größte Kälte seit 1740*	1962 Dez.-Febr. 63	Europa
Kältewelle	Kälte/Schnee	1985 Jan./Febr.	Europa
Kältewelle	Kälte	1992 Jan.	Westeuropa
Schneekatastrophe	Schnee	2006 Febr./März	Mitteleuropa
Kältewelle	Kälte/Schnee *kältester Dezember seit 1910*	2010 Nov./Dez.	England
Kältewelle	Schnee/Sturm *Schnee bis Nordafrika*	2012 Jan.-Febr.	Europa
Kältewelle	Schnee	2021 Jan.	Südeuropa
Kältewelle	Kälte bis –27 °C	2021 Febr.	Mitteleuropa

Natürlich gab es immer schon Stürme und extreme Hitze- oder Kältewellen. Den obigen Tabellen kann man aber mehr als deutlich entnehmen, dass das früher seltene Ereignisse waren. Sie nehmen im Laufe des letzten Jahrhunderts und vor allem in den letzten gut zwanzig Jahren in geradezu unheimlicher Weise zu. Noch einmal: Das ausgeglichene milde Klima, das für Mitteleuropa so typisch ist, wird durch den Klimawandel zerstört. Die Folgen unserer Aktivitäten attackieren das Leben der Erde.

Der Vergleich der Breitenlage von Europa und Nordamerika zeigt eindrucksvoll, dass nirgendwo auf der Erde die Anbaugrenze für Getreide so weit nach Norden verlegt ist wie in Europa. In Mittelfinnland kann noch Landwirtschaft betrieben werden, während in Südgrönland und dem Norden Alaskas aufgrund der Dauerfrostböden nur Tundra möglich ist. New York liegt auf der Höhe von Lissabon und Rom. Dort gibt es aber keine strengen Winter mit 2 Meter hohem Schnee und –30 Grad Kälte. New York wird vom Labradorstrom gekühlt, Europa vom Golfstrom erwärmt.

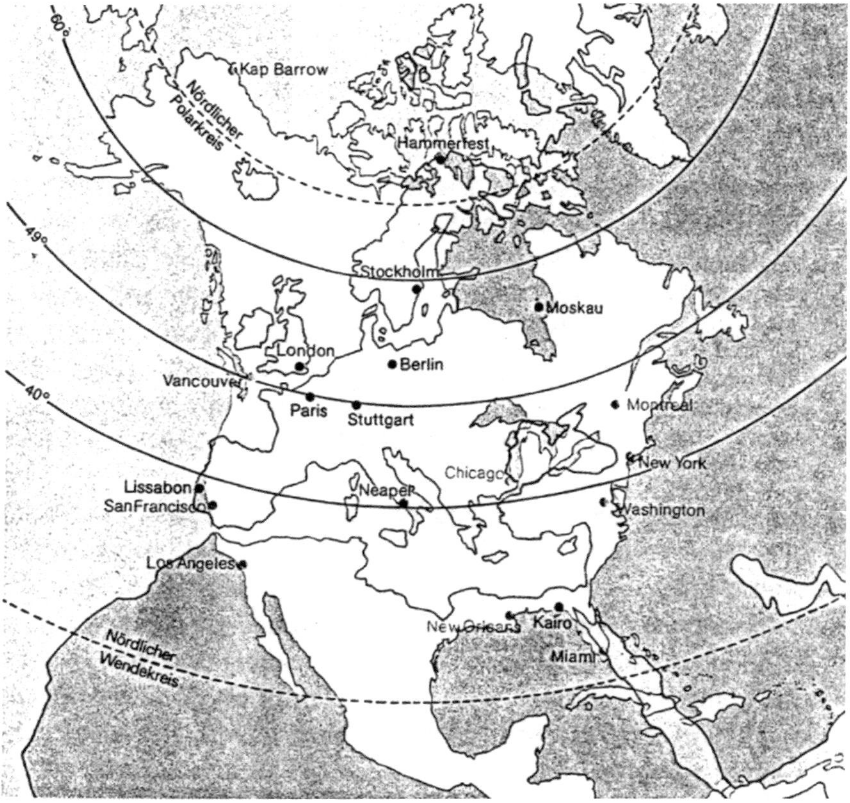

Abb. 57: Vergleich der Breitenlage von Europa und Nordamerika

Nordamerika und seine Jahreszeiten

Das Jahreszeitengeschehen in den mittleren Breiten ist über die Erde hin sehr differenziert. In Nordamerika fehlt ein entsprechendes ost-westliches Gebirge wie die Alpen in Europa. Dadurch kann die Luft ungehindert von der Polarzone in die subtropische Zone im Süden zum Golf von Mexiko fließen. Dies wird noch unterstützt durch die Rocky Mountains im Westen und die Appalachen im Osten des Kontinents, die sich beide in Nord-Süd-Richtung erstrecken. So kommen im Winter beispielsweise die Eisbären bis an die Südspitze der Hudsonbay (in Europa liegt auf dieser geografischen Breite Hamburg), und im Sommer fliegen dort die tropischen Kolibris. Die

März

April

Mai

Juni

Juli

August

September

Oktober

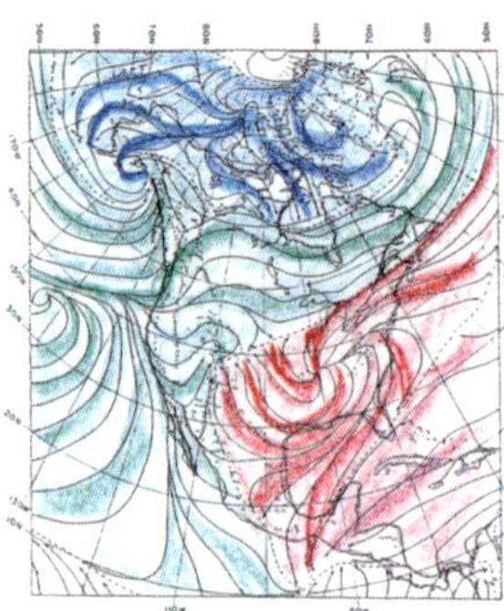
November

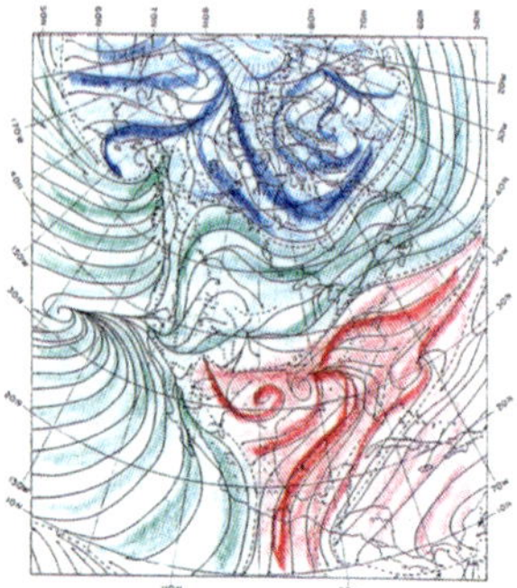
Dezember

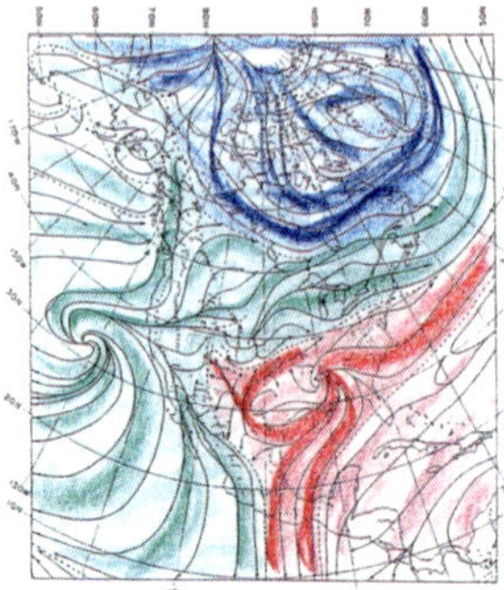
Januar

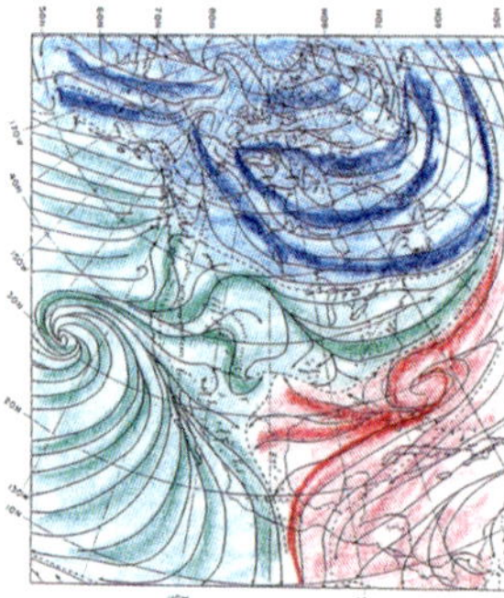
Februar

beiden extremen Klimate treffen hier unvermittelt aufeinander, was heftigste Stürme zur Folge hat. Im Winter treten die gefürchteten *Blizzards* auf, die extreme Kälte bis nach Florida herunterbringen. Umgekehrt kommen tropische Wirbelstürme in Form von *Hurrikans* bis nach New York hoch. Treffen feuchtwarme tropische Luftmassen und trockene kalte Polarluft unmittelbar aufeinander, entstehen die heftigsten Wirbelstürme die wir kennen, die *Tornados*, mit ihrer sehr eindrucksvollen Zerstörungskraft. Der Ausgleich vollzieht sich hier also auch, aber geradezu gewaltsam. Interessant ist nun wieder das jahreszeitliche Geschehen.

Der Abbildung 58 können wir entnehmen, dass die großräumigen Windsysteme, die sich im Frühjahr über Nordamerika ausbilden, ungefähr ein halbes Jahr erhalten bleiben (März bis August), da die Rocky Mountains in dieser Zeit ein unüberwindliches Hindernis für die Westwinde darstellen. Dadurch begegnen sich unmittelbar warme Luft aus den Subtropen und kalte Luft aus der polaren Region. Die frühlingshaften Verhältnisse der großräumigen Windsysteme über Nordamerika prägen sich also lange aus und bleiben etwa ein halbes Jahr lang bestehen.

Umgekehrt bleiben die Verhältnisse der großräumigen Luftbewegungen über dem Kontinent, die sich im Herbst einstellen, auch ein halbes Jahr lang erhalten (September bis Februar). In diesen Monaten legt sich ein breites Westwindband zwischen die Polarluft und die Subtropikluft. Das Wettergeschehen in Nordamerika ist also besonders vom Charakter des Frühjahrs und des Herbstes geprägt.

Russland – Asien

Der russisch-asiatische Kontinentblock ist die größte zusammenhängende Landmasse der Erde und erstreckt sich vom Ural bis zum knapp südlich des Polarkreises gelegenen Kap Keshnew in west-östlicher Richtung über rund 9000 Kilometer. Die Ost-West-Erstreckung der ehemaligen Sowjetunion

Abb. 58 (Seite 116): Dominierende bodennahe Winde über Nordamerika; blau: polare Kaltluft, rot: subtropische Warmluft, grün: Westwinde

entspricht der Entfernung von Mitteleuropa über den Atlantik, quer durch die USA, bis zur Pazifikküste Nordamerikas. Der Kontinent ragt im Norden weit in den arktischen Bereich (Halbinsel Taimyr), und im Süden berührt er fast den Äquator (Singapur).

Uns interessieren hier die mittleren Breiten des Kontinentes, die in Russland gelegen sind. Sie werden nach Süden hin durch den riesigen Himalaya und seine Ausläufer begrenzt. Damit ist schon eine deutliche Richtung für die Winde vorgegeben.

Zusätzlich muss man sich klarmachen, dass wir auf 47 Prozent der Fläche der ehemaligen Sowjetunion Dauerfrostboden finden. Das heißt, der Boden ist zum Teil bis in 1500 Meter Tiefe (Nordwestsibirien) das ganze Jahr über gefroren. Nur im Sommer tauen die obersten Zentimeter (im polaren Bereich) oder Meter (im subpolaren Bereich) für einige Wochen oder Monate auf. Darunter aber bleibt alles Erdreich und alles Gestein jahrein, jahraus gefroren. Dort, wo das Bodeneis so mächtig ist, wird der Mensch in seinen wirtschaftlichen Aktivitäten stark eingeschränkt. Wo er gräbt, stößt er auf Eis. Wo er ein Haus baut, das ja notwendigerweise beheizt wird, bringt es wie ein heißer Backstein im Schnee den Permafrostboden zum Schmelzen. Es versinkt im Schlamm, bricht auseinander oder fällt um. Baut man trotzdem ein Haus, muss man es auf wärmeisolierte Pfähle stellen. Jeder Schluck Wasser, der getrunken wird, muss per Schiff, Flugzeug oder über Land von weither gebracht werden. Jeder Liter Abwasser wird zum Problem, es kann nicht versickern. Und die Toten? Sie müssen mühsam begraben werden. Dieses unterirdische «ewige» Bodeneis ist noch ein Relikt aus der letzten Eiszeit. Das heutige Klima hat es noch nicht geschafft, dieses Bodeneis zu schmelzen.

Die für die mittleren Breiten so typischen günstigen klimatischen Bedingungen für die Landwirtschaft verlieren sich also nach Osten hin, bis sich schließlich das nördliche Klima der Nadelwaldzone und das Klima der Wüsten und Halbwüsten des subtropischen Hochdruckgürtels begegnen und im Osten direkt aneinandergrenzen. Ein weiteres Charakteristikum der Naturausstattung Russlands ist die Tatsache, dass die Flüsse von Süden nach Norden ins Eismeer (Nordpolarmeer) entwässern. So tauen die Flüsse im Frühjahr von der Quelle her auf, was jedes Jahr katastrophale Überschwemmungen zur Folge hat, vor allem in Westsibirien.

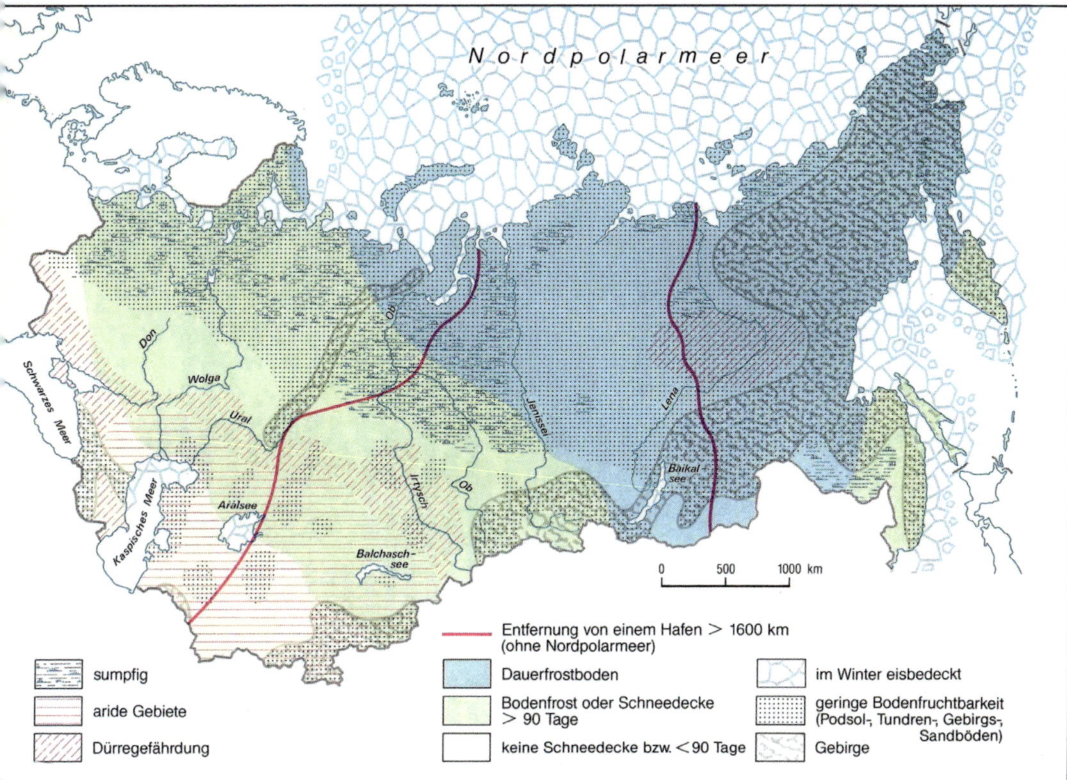

Abb. 59: Natürliche Hemmnisse der Naturausstattung auf dem Gebiet der ehemaligen Sowjetunion

Von Westen nach Osten wird das Klima kontinentaler, das heißt, es wird trockener, und die Temperaturdifferenzen zwischen Sommer und Winter werden immer größer. In Westsibirien und Kasachstan finden wir bereits ein völlig kontinentales Klima vor. Der mildernde Einfluss der atlantischen Luftmassen ist fast gänzlich versiegt. Die Differenz zwischen den durchschnittlichen Januar- und den Julitemperaturen liegt schon bei über 30 °C.

Ostsibirien schließlich weist ein extrem kontinentales Klima auf. Die Differenzen zwischen den durchschnittlichen Januar- und den Julitemperaturen betragen 50 bis 60 °C, teilweise sogar mehr. Hier befindet sich der Kältepol der Erde. Die wohl tiefsten Extremwerte wurden in Oimjakon gemessen: –77,8 °C. Bei einer Sommertemperatur von über 30 °C im Extrem ergibt das eine Differenz von über 100 °C zwischen den Sommer- und den Wintertemperaturen. Die Niederschlagsmenge hat einen wüstenhaften Charakter erreicht. Sie beträgt in Jakutsk zum Beispiel nur noch 213 mm im Jahr (zum Vergleich: in Stuttgart sind es 687 mm/Jahr).

Das folgende Zitat soll die winterlichen Verhältnisse in Sibirien verdeutlichen.

«Der Winter ist bei uns in Sibirien die günstigste Zeit zum Arbeiten, auch wenn man sich bei starkem Frost nicht lange im Freien aufhalten kann. Die Kälte verbrennt die Haut ebenso wie Feuer. Bei extremer Kälte ist es in der Regel still; die Erde ist in derart dichte Nebel gehüllt, dass man auf zwei Schritte Entfernung in der ‹weißen Finsternis› oft nichts sehen kann. Der Schnee ‹schreit› unter den Füßen, Wimpern und Augenbrauen sind mit Eismehl bedeckt, ausgeatmeter Wasserdampf gefriert augenblicklich zu kleinen Eiskristallen. Das dabei hörbare Rauschen nennen die Einheimischen ‹Sternenflüstern›.

Bis minus 50 °C läuft bei uns eigentlich alles normal. Wenn die Säule des gefärbten Alkohols im Thermometer jedoch unter 50 °C fällt – Quecksilber gefriert bei minus 39,5 °C – dürfen die ersten vier Schulklassen zu Hause bleiben. In der Natur beginnen Wunder: Metall wird spröder als Glas, die Schneide der Axt bricht beim Hieb in den Baumstamm. Stahlrohre reißen wie vermoderte Fäden. Die Jäger erzählen, dass ein zufällig aufgescheuchter Vogel im Flug gefriert und wie angeschossen zu Boden fällt.»[58]

Jahreszeiten auf dem russisch-asiatischen Kontinentblock

Im Winter treten im asiatischen Teil Russlands extreme polare Verhältnisse mit all ihren Erscheinungen auf. Es entsteht ein großes Hochdruckgebiet aufgrund der «lokalen» Verhältnisse, indem über der riesigen Landmasse die Luft sehr schnell auskühlt. Dieses Hochdruckgebiet kann Ausläufer bis nach Europa haben. Ähnliches ist im Sommer der Fall. Aufgrund der starken Aufheizung der Landmasse bildet sich ein riesiges Tiefdruckgebiet. Russland bekommt also im Winter polare Verhältnisse und im Sommer tropische, ohne dass jeweils von Norden oder Süden Luftpakete in größerem Ausmaß eindringen und die Jahreszeit prägen, wie etwa in Nordamerika.

58 Wetzel 1990, S. 106f.

Abb. 60: Das Agrardreieck markiert grob die landwirtschaftlich nutzbare Fläche der ehemaligen Sowjetunion.

Interessant ist nun, dass sich schon im Mai das sommerliche Tief einstellt. Unmittelbar an den Winter anschließend bilden sich die sommerlichen Verhältnisse aus. Umgekehrt ist es im Herbst. Das winterliche Hoch entwickelt sich schon im Oktober/November. Die Übergangsjahreszeiten sind folglich als solche gar nicht richtig vorhanden. Das Jahreszeitengeschehen in Russland–Asien ist also vor allem durch Sommer und Winter geprägt.

Der Verlust der klimatisch ausgewogenen zeitlichen Ordnung, wie wir sie in Mitteleuropa kennengelernt haben, bringt extreme und lebensfeindliche Verhältnisse mit sich. Das oben abgebildete Agrardreieck zeigt, wie die lebendigen und lebensfreundlichen Bedingungen nach Osten hin immer weiter abnehmen und sich schließlich ganz verlieren: Von Norden her kommt die Kältegrenze immer weiter nach Süden, sogar in der geografischen Höhe von Stuttgart finden wir im asiatischen Raum noch Dauerfrostboden. Von Süden her dringt die Trockengrenze nach Norden vor, bis sich schließlich beide Grenzen räumlich begegnen.

Das Jahreszeitengeschehen in den mittleren Breiten der Erde

Unterscheidet man Jahreslauf (Klima) und Wettergeschehen über die Erde hin, zeigt sich eine charakteristische Verbindung von beiden:

Auf dem *russisch-asiatischen Kontinentblock* finden wir eine Ost-West-Betonung der Landschaft durch die Gebirge, die einhergeht mit einer Betonung sommerlicher oder winterlicher Verhältnisse. Das Wettergeschehen ist eng an den Jahreslauf gebunden, denn im Sommer gibt es ein großes, alles bestimmendes Tief- und im Winter entsprechend ein riesiges Hochdruckgebiet. Nördliche und südliche Verhältnisse begegnen sich räumlich, ohne zeitlichen Ausgleich.

In *Nordamerika* dagegen können wir durch die Gebirgszüge eine Nord-Süd-Betonung der Landschaft feststellen, einhergehend mit einer je halbjährigen Betonung frühlingshafter und herbstlicher Verhältnisse. Auch hier sind Wettergeschehen und Jahreslauf eng miteinander verbunden, denn im Sommer dringen tropische und subtropische Luftpakete weit in den Norden vor, verbunden mit ganz typischen Wettererscheinungen und Druckgebilden. Entsprechendes gilt für den Winter, wenn polare und subpolare Luftpakete sich weit in den Süden schieben können.

In *Europa* zeigt sich eine Betonung aller vier Jahreszeiten. Die Einflüsse aus allen vier Himmelsrichtungen sind zeitlich wohlgeordnet über das Jahr. Das Wettergeschehen ist insofern nicht an den Jahreslauf geknüpft, als Hoch- und Tiefdruckgebilde das ganze Jahr über vorkommen, ohne statistische Häufung zu einer bestimmten Jahreszeit. Wenn wir beispielsweise in der ersten Juliwoche in den Schwarzwald fahren, können wir eben nicht sicher wissen, welches Wetter uns erwarten wird.

Schauen wir zum Schluss mit der nun gefundenen Gliederung auf die Karte der Jahreszeitenklimate, wie sie in Abbildung 61 (S. 124) wiedergegeben sind. Im Norden finden wir die polare und subpolare Zone (1) sowie die kalt gemäßigte boreale Zone (2) als umlaufende Klimazonen. Auch die warm gemäßigte Subtropenzone (4) und die eigentliche Tropenzone (5) sind weitgehend umlaufende Klimagürtel. Innerhalb dieser Klimazonen gibt es keine Ost-West-Differenzierung. In den mittleren Breiten aber, die von Troll und Paffen

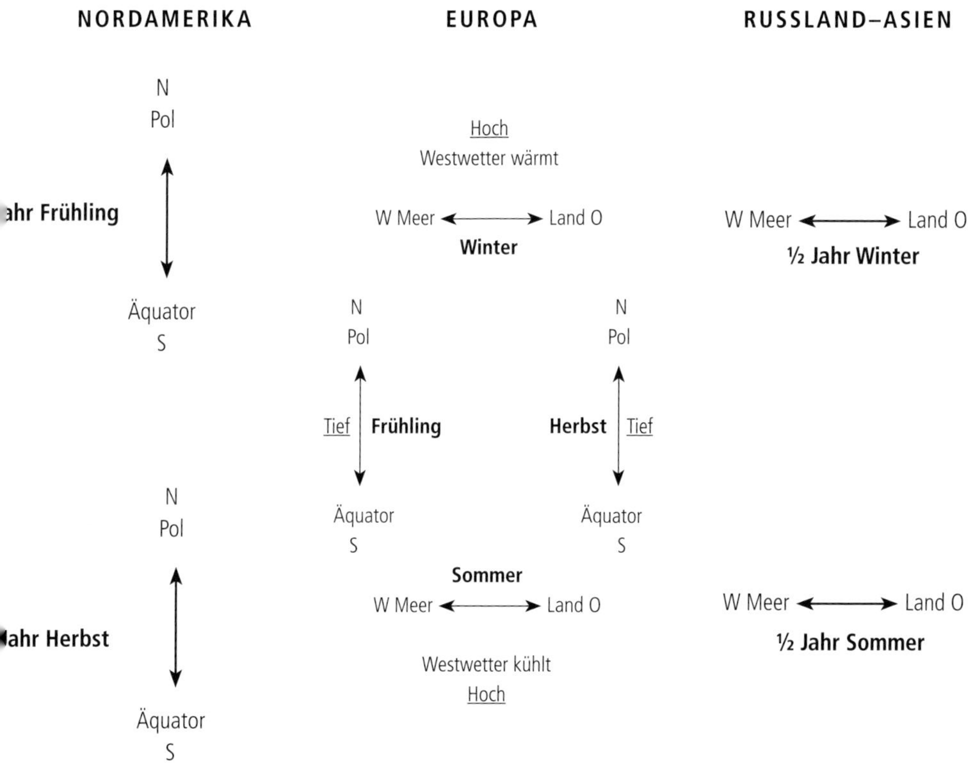

als kühlgemäßigte Zone (3) bezeichnet werden,[59] herrschen differenziertere Verhältnisse. Die mittleren Breiten liegen im Spannungsfeld zwischen nordischer Kälte und südlichem Wärmestau und in Ost-West-Richtung zwischen Ozean und dem östlichen Kontinent.

Die Karte zeigt deutlich, dass die Klimazonen der mittleren Breiten in Nordamerika eine Nord-Süd-Erstreckung aufweisen und in Russland-Asien eine Ost-West-Erstreckung. Dies ist in Europa nicht zu finden. Mitteleuropa liegt in einem Bereich, dem Troll und Paffen ein subozeanisches Klima (III3) zusprechen. Dieses Klima ist einmalig auf der Erde. Die angrenzenden Klimate finden sich zwar an bestimmten Stellen wieder, zum Beispiel im Südwesten Kanadas, im Südwesten Südamerikas oder in Neuseeland. Immer aber bleibt das subozeanische Klima Mitteleuropas ausgespart.

59 Troll und Pfaffen, in Diercke Weltatlas 2020.

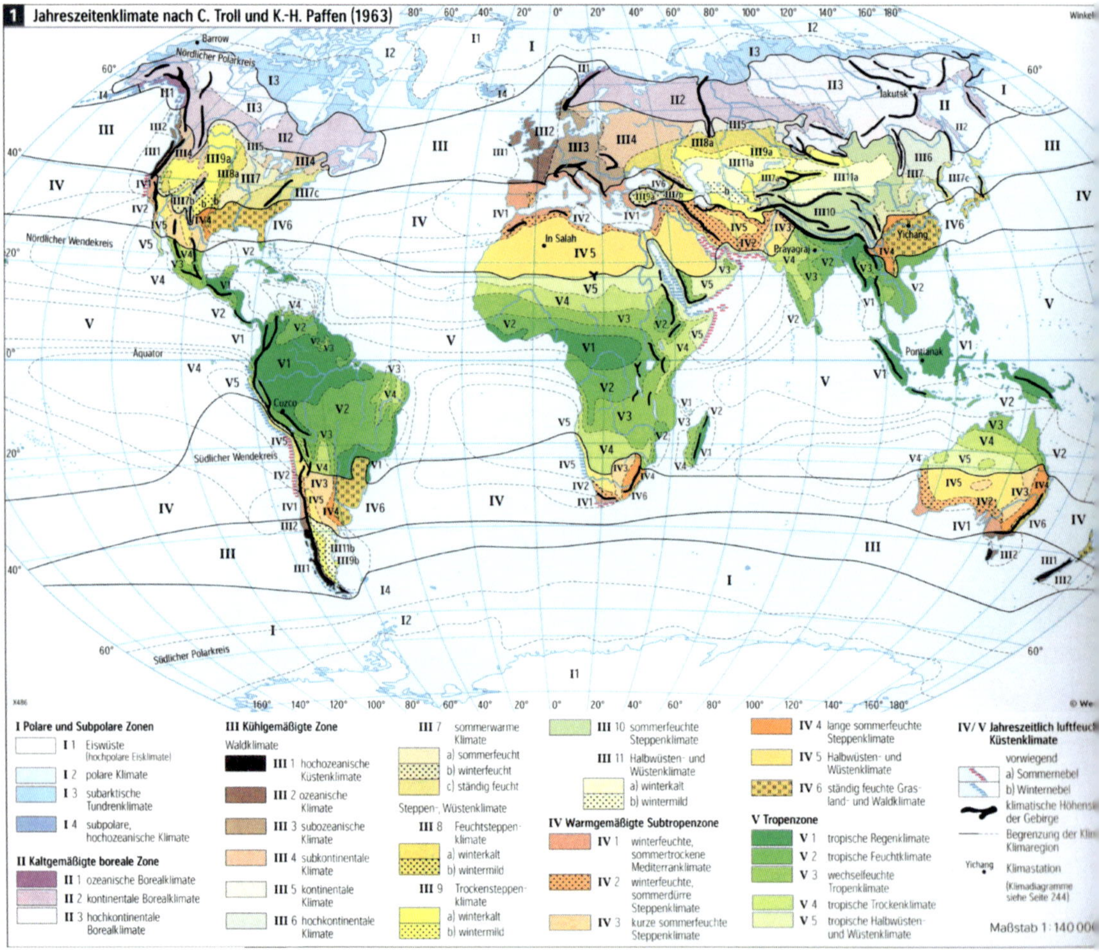

Abb. 61: Jahreszeitenklimate nach Troll und Paffen

Pol und Äquator – unsere extremen Nachbarn

Den an die mittleren Breiten angrenzenden extremen Zonen fehlen unsere vier Jahreszeiten ganz. Am *Äquator* herrscht eine Art Dauersommer. Alle Tage im Jahr sind gleich. Um 6 Uhr geht die Sonne auf, um 18 Uhr geht sie unter. Ein eintönig erscheinender, immer gleicher Tageslauf. Der bekannte Evolutionsbiologe Ernst Haeckel schilderte bereits vor über einhundert Jahren seine

Erfahrungen in den Tropen: «Um 9 Uhr Vormittag beginnt die hoch aufsteigende Tropensonne ihren mächtigen Einfluss gefahrdrohend zu entfalten, in zunehmendem Maße bis zur Mittagszeit. ... Von 11 bis 1 Uhr ist gewöhnlich die Hitze am drückendsten; doch entwickeln sich meistens schon während dieser Zeit die schweren Regenwolken, die von den urwaldbedeckten Vulkanen im Süden heraufziehen. Zwischen 1 und 2 Uhr ist dann gewöhnlich schon der ganze Himmel mit einer düsteren Wolkendecke überzogen, und heftiger Donner beginnt deren Entladung anzuzeigen. Meistens zwischen 2 und 4 Uhr, seltener früher oder später, gehen dann jene kolossalen Regenmassen nieder. ... In den letzten Tagesstunden, zwischen 4 und 6 Uhr, hat meistens der Regen aufgehört. ... Dann prangt oft der Garten in üppigster Frische, während Nebelschleier durch die Kronen der hohen Bäume ziehen.»[60]

Die Temperaturunterschiede zwischen Tag und Nacht sind wesentlich größer als zwischen den einzelnen Tagen im Jahr. Morgens oder abends sind die Temperaturen bis auf ein, zwei Grad immer gleich. Ein gleichförmiges, abwechslungsarmes Jahr. So kann man sagen, dass ein Tag einem Jahr entspricht. Nur die Niederschläge gestalten das Jahr in Form von Regenzeit und Trockenzeit etwas, man spricht in der Geografie von hygrischen Jahreszeiten. Der Dauersommer der inneren Tropen beziehungsweise der Mangel an äußeren Zeitgebern drückt sich auch darin aus, dass einzelne Bäume im Regenwald ihre eigene Jahreszeit leben. Der eine treibt aus, ein anderer fruchtet und ein dritter blüht, während ein vierter Baum gerade die Blätter fallen lässt. Ja, es geht sogar so weit, dass einzelne Äste an einem Baum verschiedene Jahreszeiten zeigen können.

Welch extrem andere Verhältnisse finden wir an den *Polen*! Polartag und Polarnacht gliedern das Jahr in ein halbes Jahr Tag und ein halbes Jahr Nacht. Hier entspricht also ein Jahr einem Tag. Man spricht deshalb auch von Beleuchtungsjahreszeiten. Die Polarnacht und der Polartag sind auf andere Weise nur schwer seelisch auszuhalten. Für die Polarnacht beschreibt die österreichische Malerin und Autorin Christiane Ritter (1897–2000) die Zeitlosigkeit und den Mangel an Sinneseindrücken und die Folgen davon: «Die Tage vergehen ohne Erleben, ohne richtige Arbeit, ohne erlösenden Blick in

60 Haeckel 1901, S. 82f.

die Wirklichkeit der Welt. Nachts liegen wir, nicht müde und nicht wach, umgeben von der ewigen Finsternis und tiefen Stille.

Inmitten der grenzenlosen Todheit und Starre alles Körperlichen beginnt langsam der bewegte Sinn seine eigenen Wege zu gehen. ... Es zeigt sich, dass alles aufgehoben ist hinter der Zeit. Immer wieder kreist der gefesselte Sinn im Vergangenen, wie in einem Bild ohne Raum, wie in einem Drama ohne Zeit.»[61]

Auch Alfred Wegener hat in seinem spannenden Buch *Mit Motorboot und Schlitten* über die Verhältnisse im Polartag berichtet: «Im Allgemeinen hatten wir auf diesem Marsch unserer Spur folgen können, auch waren die Schneemänner natürlich auf dieser letzten Strecke noch gut erhalten. Schwierigkeiten entstanden nur dann, wenn der Himmel mit einer überall gleich hellen Wolkendecke bezogen war. Wenn nämlich dies diffuse Licht von allen Seiten in gleicher Stärke kam, so verschwanden alle Unebenheiten des Bodens vollkommen für das Auge. Es war dann unmöglich, überhaupt den Boden wahrzunehmen, auf dem man ging.

Das verursachte eigenartige Gefühle und Täuschungen, ganz besonders beim Vorangehenden, der in ein großes Nichts hineinmarschierte. Aus dem Bestreben, den Boden, von dessen Existenz er ja doch überzeugt war, zu erkennen, entsprangen Halluzinationen.»[62]

Folgen wir den Schilderungen von Christiane Ritter und Alfred Wegener, dann sind unsere Sinne in der Polarzone oft in der Gefahr, getäuscht zu werden. Wir erleben Halluzinationen. Der Mensch ist wie abgezogen von der Erde und wird nach außen, in die Peripherie, verwiesen. Für die Tropen hingegen schildert Haeckel, dass der Mensch durch den strengen Tagesablauf in den Tropen sehr in das irdische Geschehen gezwungen wird, man wird auf sich zentriert. Es ist im Regenwald eben sehr wesentlich, ob ich morgens, mittags oder nachmittags etwas draußen arbeite. Im Gegensatz dazu ist in der Polarzone die Zeitlosigkeit ein prägendes Element. Schon in Nordnorwegen kann man im Sommer nachts um 23 Uhr eine Bergwanderung beginnen; die Tageszeit spielt keine Rolle.

61 Ritter 1938, S. 116f.

62 Wegener 1930, S. 41f.

Wandert der Sommer auf der Nordhalbkugel nach Norden, dehnt sich hier die Atmosphäre wie in den Tropen deutlich aus, während sie sich auf der Südhalbkugel wegen der winterlichen Kälte zusammenzieht. Im Nordwinter ist es umgekehrt. Die winterliche Kälte des Nordens wandert nach Süden und lässt die Dicke der Atmosphäre deutlich schrumpfen. So können wir dann auch den Eindruck haben, die Wolken seien uns näher. *Die Atmosphäre der Erde atmet also im jahreszeitlichen Wechseln ein und aus.*

Dieses Ein- und Ausatmen der Erde wird in den mittleren Breiten der Nordhalbkugel noch weiter differenziert, indem wir ein nord-südliches Ein- und Ausatmen im Frühjahr und Herbst haben und ein ost-westliches Pulsieren durch das Aufwärmen und Abkühlen der Wassermassen des Ozeans (in unserem Beispiel des Atlantiks) und das Aufwärmen und Abkühlen des Kontinents im Sommer und im Winter. Diese Differenzierung ist mangels Landmasse in den mittleren Breiten der Südhalbkugel kaum vorhanden.

Die drei Südkontinente

Die drei Nordkontinente sind miteinander verzahnt und umschließen das Nordpolarmeer. Die drei Südkontinente «schwimmen» einzeln mit ihrer Platte, bewegen sich heute noch und haben eine bezeichnende Lage zu den drei Hauptlandschaften der Tropen: Regenwald, Savanne und Wüste. Diese drei Klima- und Vegetationszonen sind das Ergebnis der sogenannten Hadleyzellen: Durch den permanenten steilen Sonnenstand und die damit verbundene Wärme steigt die Luft am Äquator auf. Es bildet sich am Boden ein Hitzetief. Die aufsteigende Luft stößt in 16 bis 18 Kilometer Höhe an die Grenzschicht der Troposphäre, unserer Wetterschicht. Sie muss nach Norden und Süden ausweichen. Auf ihrem Weg nach Norden und Süden sinkt sie zum Teil wieder ab und wird von dem äquatorialen Hitzetief wieder angesaugt. Das Absinken der Luft ist besonders intensiv zwischen dem 23,5. und 30. Breitengrad. Dadurch bildet sich dort ein Hochdruckgebiet am Boden. Insgesamt ergibt das zwei Ringströmungen, Hadleyzellen genannt: Luft steigt am Äquator auf, fließt nach Norden und Süden, sinkt am 30. Breitengrad ab und fließt als Passat zurück zum Äquator.

Mit der aufsteigenden Luft am Äquator hängen die Regenwälder zusammen, da ständig Gewitter entstehen, so wie Haeckel es oben geschildert hat. Die Folge der absinkenden Luft ist die Auflösung von Wolken und damit die Entstehung von Wüsten. Und die zwischen Regenwäldern und Wüsten vermittelnden Passate ermöglichen die Landschaftsform der Savanne.

Südamerika hat nun besonders viel Fläche im Bereich des Äquators und damit im Bereich der aufsteigenden Luft. Es ist der Kontinent der Regenwälder (in der Klimakarte von S. 124 V1 und V2). Hier geht das Leben nach oben, in die Bäume, in die Luft. In diesem Zusammenhang kann es interessant erscheinen, dass die ursprünglichen Kulturen in Südamerika vielfach die Vögel kultisch verehrt haben.

Australien, im Bereich der Wendekreise gelegen, weist flächenmäßig proportional besonders viele Wüsten auf (in der Klimakarte IV5 und V5). Das Leben duckt sich an den Boden oder geht oft auch unter die Bodenoberfläche. So ist man vor der brennenden Sonne geschützt. Es sind gerade die Reptilien, die mit den extremen Verhältnissen der Trockenheit besonders gut zurechtkommen. Australien ist der Kontinent der Wüsten. Keine andere Landschaftsform nimmt hier so viel Fläche ein. Auch hier kann es interessant erscheinen, dass die Aborigines vielfach Reptilien kultisch verehrt haben.

Afrika beherbergt besonders viel Fläche mit Savannen (in der Klimakarte IV6, V3, V4), die in Zusammenhang mit den Passaten entstehen. Regenwald und Wüste sind für Säugetiere keine günstigen Lebensräume, auch wenn es einige Arten geschafft haben, dort zu existieren. Es sind aber besonders die Savannen, die viele Säugetierarten hervorgebracht haben – man denke nur an die etwa siebzig Antilopen- und Gazellenarten in Afrika.

Afrika ist der Kontinent der Savannen. In ihnen herrscht nicht das dämmrige Dunkel der Regenwälder, und die Sonne verbrennt nicht wie in den Wüsten den Boden. In der Savanne finden wir in reichen Variationen Büsche, Bäume und offene Stellen mit Grasland. Sie ist gekennzeichnet durch die vielfältige Abwechslung von Licht und Schatten, Hell und Dunkel. Viele Säugetiere zeigen dies in ihrer Fellfärbung, ganz besonders eindrucksvoll die Zebras oder die Giraffen. Es ist ein Lebensraum, der günstig und fördernd zu sein scheint für seelisch höher begabte Lebewesen wie die Säugetiere. Die Savanne ist die Heimatlandschaft des Menschen.

Die drei Lebensprozesse der Erde

Wenn wir auf das Jahreszeitengeschehen der Erde insgesamt blicken, so zeigt sich ein organismischer Charakter. In aller Kürze sei hier ein Vergleich der vorherrschenden geografischen Phänomene mit den wesentlichen Charakteristika des menschlichen Organismus gezogen.

Am *Nordpol* umwehen die Winde dicht über der Erdoberfläche die Polkappen dort, wo die fest miteinander verzahnten Nordkontinente das Nordpolarmeer umschließen. Das Nordpolarmeer und die darüberliegende Luft werden durch die Nordkontinente und die Ostwinde isoliert. An unserem *Kopf* finden wir qualitativ ähnliche Verhältnisse. Auch unser Gehirn wird durch die Schädelknochen (Exoskelett) von der Welt abgeschottet, isoliert.

In den *mittleren Breiten* der Nordhalbkugel existiert ein fein differenziertes rhythmisches Geschehen. Den Ausgleich der polaren und tropischen Verhältnisse haben wir ein Einatmen und Ausatmen genannt. Und die Temperatur- und Luftdruckunterschiede zwischen Ozean und Kontinent finden durch ein Pulsieren immer wieder ihr Gleichgewicht. Im menschlichen Organismus begegnen uns die Entsprechungen im *rhythmischen System*, also im Blutkreislauf und der Atmung (mit den Zentralorganen von Herz und Lungen).

In den *Tropen* selbst ist der eindrucksvolle Transport von Energie und Mineralstoffen durch die Passate in den Hadleyzellen der alles beherrschende Vorgang. Hier dominieren im wörtlichen Sinne die Prozesse des Transportes von Energie und Nährstoffen. Es ist die Stoffwechselregion der Erde. In den mittleren Breiten der Südhalbkugel gibt es keine Landmassen. Dadurch können die Meeresströmungen und die Winde ungehindert von West nach Ost fließen und erreichen viel größere Geschwindigkeiten als auf der Nordhalbkugel. Der Bewegungscharakter ist betont. Die Antarktis wird von einer Ringströmung im Meer umkreist. Es ist ein ungewöhnlich lebensreiches Meer. Hier umschließt das Leben im Wasser den doch recht lebensarmen antarktischen Kontinent. All diese Phänomene erinnern an die Verhältnisse, wie sie in unseren Gliedmaßen herrschen. Auch dort finden wir ein Endoskelett: innen der Knochen, darum herum die lebenden

Abb. 62: Mensch und Erde

Weichteile, die Muskeln, die wiederum bei uns für die Bewegung sorgen. Wir können daher die Tropen und die gesamte restliche Südhalbkugel von den Prozessen her als den Stoffwechsel-Gliedmaßen- (Bewegungs-) Pol der Erde betrachten.

Die Erde zeigt damit eine ähnliche Gliederung, wie wir sie für praktisch jeden Organismus finden können: einen Kopfpol und einen Stoffwechsel-Gliedmaßen-Pol. Dazwischen sorgen räumlich und funktionell die Organe der Atmung und des (Blut-) Kreislaufes dafür, dass die Extreme im mittleren Bereich des Organismus rhythmisch ausgeglichen werden.

Die Erde ist nicht nur ein Lebewesen, sie erscheint wie der Urorganismus, der alles andere Leben ermöglicht, rhythmisiert und hervorgebracht hat.

8. Die Corona-Krise als Brennglas aktueller Probleme

Das 2019 neu aufgetauchte Corona-Virus leuchtet die vom Menschen verursachten Probleme der Erde wie in einem Brennglas aus. Denn unsere Aktivitäten sind wie ein Generalangriff auf alles Leben auf der Erde. Ihm sei daher ein eigenes Kapitel gewidmet. Die Corona-Thematik ist uns allen ja in vielen Aspekten vertraut, weil sie unser Alltagsleben drei Jahre lang stark geprägt hat und in nahezu all unseren Medien ständig präsent war. Viele Gesichtspunkte dazu und übergeordnete Zusammenhänge, die durch das Auftreten des Corona-Virus beleuchtet wurden, sind uns also bereits bekannt. An dieser Stelle seien daher die wesentlichen Ursachen, Hintergründe und Folgen nur noch einmal kurz zusammengefasst – sie münden in die tieferliegenden Fragen, wie wir in Zukunft auf und mit der Erde leben wollen und wie wir unser Zusammenleben mit dem Lebensorganismus der Erde und mit allen auf ihr lebenden Organismen gestalten können.

Spät im Jahr 2019 trat die neue Atemwegserkrankung COVID-19 (für englisch «corona virus disease 2019») zum ersten Mal in der Millionenstadt Wuhan in China auf. Inzwischen scheint es Hinweise zu geben, dass das Virus schon im Dezember (oder sogar im November) dort früher aufgetaucht ist, bevor China zum ersten Mal Fälle in Wuhan der WHO gemeldet hat. Eine medizinische Studie des Albert-Schweizer Krankenhauses in Frankreich wertete 2450 computertopografische Untersuchungen der Lunge bei Patienten der Klinik nachträglich noch einmal aus. Erste Fälle gab es demnach am 16. November. Außerdem ist in Frankreich ein Fall mit Covid-19 bekannt geworden, der auf den 27. Dezember zurückgeht (vier Tage vor der offiziellen Meldung in China). Ein nördlich von Paris lebender Franzose wurde nachträglich mit einem Corona-Test auf Basis der PCR-Methode positiv getestet. Dafür wurde eingefrorenes Probenmaterial benutzt.

Von Wuhan ausgehend, breitete sich das Virus (Name: Sars-CoV-2) im

Januar, Februar und März aus: am 13. Januar 2020 in Thailand, am 23. Januar 2020 in den USA. Am 2. Februar 2020 trat auf den Philippinen der erste Todesfall auf, am 15. Februar 2020 in Frankreich, und am 23. Februar 2020 wurden die beiden ersten Todesfälle aus Italien gemeldet. Italien wurde im Frühjahr 2020 zunehmend zum Zentrum der Pandemie in Europa, danach England.

Woher kommt das Virus? Viren sind überall. Und der Großteil der pathogenen Viren des Menschen stammt aus dem Tierreich und ist auf den Menschen übergesprungen; man denke nur an das Ebola-Virus und andere Viren. Wir nennen das «Zoonosen». Auch sind Sars-Viren, zu denen das Corona-Virus gehört, nichts Unbekanntes. Bei dem schweren Verlauf einer Lungenentzündung beim Menschen haben schon immer Sars-Viren eine Rolle gespielt. Wir leben also schon lange mit Sars-Viren zusammen. Darin liegt möglicherweise einer der Gründe, warum viele Menschen bereits eine gewisse Immunität auch gegen das Corona-Virus zu haben scheinen. Vom Grippe-Virus kennen wir die Fähigkeit schneller Mutationen. Dies gilt ebenfalls für Sars-Viren.

Und wie haben wir die akute Pandemie letztlich überwunden? Das Impfen war eine wichtige Möglichkeit. Ansonsten hat sich gezeigt: Die beste und angemessene Möglichkeit wäre gewesen, Kindergarten, Schulen und Universitäten nicht zu schließen, «social distancing» beizubehalten und die Menschen, die einer Risikogruppe angehören, zu schützen. Die Mortalität ist in den verschiedenen Altersgruppen sehr unterschiedlich: Für Menschen über achtzig muss das Corona-Virus als gefährlich angesehen werden. Kinder und Jugendliche haben, wenn überhaupt, in der Regel nur sehr milde Symptome. Die Phänomene von Long Covid dürfen allerdings auch nicht außer Acht gelassen werden. Es ist zur Covid-Erkrankung aber in Zukunft noch mehr Forschung notwendig. Bis dahin sei allen geraten: Demut vor der Wirklichkeit! Inzwischen wissen wir durch Untersuchungen beispielsweise, dass Corona die Lebenserwartung in vielen Ländern ähnlich gedrückt hat wie der Zweite Weltkrieg.[63]

63 Aburto u.a. 2021.

Was sind überhaupt Viren?

Das Corona-Virus (Sars-CoV-2) hat unser Leben und unseren Alltag tiefgreifend verändert. Aber was sind eigentlich Viren? Sie haben eine Proteinhülle und darin etwas Erbsubstanz. Damit verfügen sie über ein Programm, das die Teilung und damit die Vermehrung steuert. Sie können aber keine eigenen Stoffwechselprozesse betreiben. Eigentlich können Viren nichts selbst. Sie können sich nicht selbst vermehren, sie haben keinen eigenen Stoffwechsel, und sie können schon gar nicht reisen. Insofern sind sie umfassend nicht selbstständig. Sie können nur mithilfe eines Wirtes existieren. Die Biologen diskutieren durchaus darüber, ob Viren überhaupt im engeren Sinne «leben». Die deutsche Virus- und Krebsforscherin Karin Mölling sieht allerdings gerade in Zusammenhang mit Viren den Ursprung des Lebens auf der Erde und betrachtet Viren deshalb als Lebewesen.[64]

Leben ist immer das Bilden von labilen Gleichgewichten. Im Laufe der Evolution sind sehr komplexe ökologische Gleichgewichtssysteme entstanden. In dem Moment, wo der Mensch diese Gleichgewichte zu zerstören begann, wurden Viren frei, die zu menschlichen Krankheitserregern wurden. Wir können das schon ab dem Neolithikum nachweisen. Damals begann der Mensch, sesshaft zu werden, und griff zerstörend in die Naturzusammenhänge ein. Die Folge: Die Masern- und Tuberkulose-Erreger sprangen von den Kühen, denen sie gar nichts ausgemacht hatten, auf den Menschen über, der Keuchhusten-Erreger stammt von den Schweinen, und die Grippe wurde von den Enten auf den Menschen übertragen.[65]

Wir kennen aber solche Beispiele auch aus jüngerer Zeit. Nach allem, was wir wissen, stammt der Erreger der AIDS-Erkrankung aus dem Kongo. Als die belgischen Kolonialherren dort in den Urwald vordrangen und ihn zerstörten, um Eisenbahnschienen zu verlegen und Städte zu bauen, gewöhnten sich die dort heimischen Lentiviren, die in den in Zentralafrika lebenden Makaken (Affen) vorkommen, an den Menschen und wurden später zum HI-Virus.

64 Mölling 2015.
65 Sha 2020.

Die größten Mangrovenwälder der Erde gibt es an den Küsten von Indien und Bangladesch. Die britische Ostindienkompanie zerstörte im 19. Jahrhundert große Flächen durch Abholzung, um Reis anzubauen. Somit kamen immer mehr Menschen in Kontakt mit den Mikroorganismen, die in diesem Brackwasser leben. Daraus ging die erste von insgesamt sieben großen Cholera-Epidemien hervor.

Die Spanische Grippe kam 1918 im Ersten Weltkrieg mit den US-Soldaten aus Amerika nach Europa. Die Seuche eroberte bald die Frontabschnitte und gelangte durch infizierte Heimaturlauber, Verletzte und Kriegsgefangene in jede Ecke des Kontinents. Viele Millionen Menschen starben damals. 1933 wurde das Grippevirus als Ursache identifiziert. 2005 konnten Wissenschaftler das Virus der Spanischen Grippe mit dem Subtyp A/H1N1 rekonstruieren und vermuten, dass das Virus damals im Mittleren Westen der USA von Schweinen auf den Menschen übergegangen war.

Wer schon einmal in China oder woanders in Asien war, kennt die sogenannten Wet-Markets. Dort werden lebende Tiere angeboten, oft aufgestapelt in engen Käfigen, wo sie maximalen Stress erleiden. Diese Tiere werden zum unmittelbaren Verzehr angeboten. Durch einen derartigen Stress werden viele Viren freigesetzt, die dann zwischen den Tieren und dem Menschen ausgetauscht werden können. Als Ausgangsort für die Coronavirus-Pandemie wird – darauf wurde in westlichen Medien immer wieder hingewiesen – von vielen Fachleuten der inzwischen geschlossene «Wuhan Huanan Großhandelsmarkt für Fische und Meeresfrüchte» in China angenommen. Auch die Erreger von SARS, Vogelgrippe und anderen neuen Seuchen stammen aus solchen beschämenden Verhältnissen bzw. aus der Massentierhaltung.[66]

In fast allen oben geschilderten Fällen lebten die Tiere mit den Viren zusammen, ohne dass diese erkrankten, oder so, dass die Infektion harmlos verläuft. Erst wenn der Mensch die Natur zerstört und/oder die Tiere unter furchtbaren Stress setzt, springen die Viren auf den Menschen über und mutieren zu pathogenen Formen. Der Mensch schafft Bedingungen, die krankmachend wirken. Er ist damit Teil eines pathologischen Gesamtsystems, das auf ihn selbst zurückwirkt.

66 Wallace 2016.

Menschliche Zellen sind also die Träger des Corona-Virus. Es ist nun wichtig zu bemerken, dass nicht nur der Mensch an sich die eigentliche Ursache für die Verbreitung des Virus ist, sondern ganz allgemein unsere Lebensweise, unsere ökonomischen Austauschprozesse sowie politische Strukturen.

Der kurze Exkurs zur Biologie der Viren war notwendig. Denn die biologische Funktionsweise der Viren macht auch die kulturelle und soziale Rolle des Corona-Virus klar. Der Mensch, in den sich das Virus einnistet, gestaltet unsere Erde um. Erst haben wir dies sehr langsam und kaum bemerkbar gemacht. Inzwischen wird jedoch das Ausmaß unserer Umgestaltung der Erde bedrohlich. Das Corona-Virus greift nun die vom Menschen geschaffene und durch den Menschen veränderte Welt an. Der Philosoph und Ethnologe Bernd Scherer, der wesentliche Darstellungen zum Zeitalter des Anthropozäns veröffentlichte, schreibt: «Durch die rasante Vermehrung des Virus und seine Weitergabe werden Strukturen und Defizite dieser anthropozänen Welt wie in einem Brennglas ausgeleuchtet und auf die Probe gestellt.»[67]

Wodurch zeichnet sich das Anthropozän aus? Wir haben uns Technik erschaffen und Infrastruktur gebaut, die inzwischen in einem Ausmaß in das Leben der Erde eingreifen, wie es das noch nie gegeben hat. Wir transformieren also nicht nur den Planeten, sondern wir bringen die Lebensprozesse der Erde aus dem Gleichgewicht. Wir bewirken den Klimawandel, also den Anstieg der durchschnittlichen Temperaturen auf der Erde. Die Meere versauern; das kann man etwa an dem massiven Sterben der Korallenriffe bemerken. Wir haben einen beängstigenden Wasserverbrauch. Und wir haben in die Welt unvorstellbare Mengen an Plastik gebracht. In Form von Mikroplastik begegnen wir dem Plastik inzwischen fast überall; jeden Tag nehmen wir Mikroplastik mit der Nahrung zu uns.

Wir kaufen im Supermarkt Fleisch, sehen aber nicht – und wollen es zumeist auch gar nicht wissen –, unter welch unerträglichen Umständen die Tiere in der Massentierhaltung gehalten werden. Wir quälen heute Tiere in

67 Scherer 2020.

einem Ausmaß, wie es das noch nie gegeben hat. Die Folge ist nicht nur ein unmäßiger Fleischkonsum, der nicht gesund ist und mit furchtbarer Tierquälerei verbunden ist, sondern auch ein erheblicher Beitrag zur Bildung von CO_2 und riesige Mengen an Fäkalien.

Das Problem, das damit zusammenhängt, liegt darin, dass wir das alles nicht unmittelbar bemerken. Es scheint, als ob das oben Geschilderte unsichtbar wäre. Wir nehmen zwar Regen und Temperatur wahr, aber wir haben keine Wahrnehmung für den Klimawandel, der sich über längere Zeit vollzieht. Wir sehen zwar weggeschmissene Plastikflaschen, aber wir nehmen Mikroplastik – und was es möglicherweise in uns bewirkt (Allergien?) – nicht wahr. Wir nehmen das Tierleid nicht wahr. Wir reisen zwar gerne und viel, aber wir haben keine Wahrnehmung dafür, was das bedeutet. Was heißt es, wenn täglich mehr als zweihunderttausend Flugzeuge Millionen von Menschen um die Erde transportieren? Es ist üblich geworden, kurz übers Wochenende nach New York zu fliegen. Man schaue sich beispielsweise die Flugpreise an – nicht selten ist es billiger, mit dem Flugzeug nach Berlin zu fliegen als mit dem Zug zu fahren. Das ÖPNV-Ticket, um in Brüssel zum Flughafen zu fahren, ist mitunter teurer als der Flug von Brüssel nach Berlin.

Die Mobilität hat exponentiell zugenommen. Der Warenaustausch auch. Genau diese Mobilität wird zum Vehikel des Virus. Es scheint kein einziges Land auf der Erde mehr zu geben, in dem das Virus nicht inzwischen aufgetreten ist. Es gibt keinen Ort mehr, an den wir uns zurückziehen könnten, um dem Virus zu entgehen. Genauso gibt es keinen Ort mehr, an dem wir uns vor der von uns bewirkten Zerstörung und Vergiftung der Welt zurückziehen könnten. Außer dem Weltraum gibt es kein Außen mehr. Wir verändern die ganze Erde. Damit sind wir, wie Bernd Scherer ausführt, «als Akteure immer auch Teil des Geschehens. Wir stellen permanent die Welt her, der wir dann auch ausgesetzt sind. Das Corona-Virus breitet sich dank der Mobilität seines Wirtes auf dem gesamten Planeten aus. ... Wir müssen unser Handeln und Denken als immanenten Teil dieser Prozesse begreifen. Die Idee, dass wir mit unserem Wissen die Welt beherrschen könnten, erweist sich somit als Illusion.»[68]

68 Scherer 2020.

Wir haben den Bezug zur Welt, zum Leben der Erde verloren. Und wir haben den Bezug zum Mitmenschen verloren.

Die exponentielle Zunahme unseres Wissens haben wir in den letzten Jahrzehnten vor allem dafür genutzt, es technisch anwendbar zu machen und es in den Dienst des Profits zu stellen. Und es ist verbunden mit der Logik der Beschleunigung. Wir haben unser Wissen viel weniger dafür genutzt, es mit der Frage nach dem gesellschaftlichen Nutzen und dem Sinn für den Menschen zu verknüpfen – und auch nicht mit der Frage nach dem Nutzen und Sinn für die Erde. Dadurch haben wir in der Vergangenheit Strukturen geschaffen, die uns die Zukunft verbauen.

Hierzu noch einmal die Analyse von Bernd Scherer: «Die anthropozäne Welt beruht auf gigantischen technologischen Infrastrukturen, die sich über den ganzen Planeten erstrecken, von Staudämmen über Raffinerien, Flughäfen, Straßen- und Eisenbahnnetzen bis zu Ölpipelines, Lieferketten zwischen verschiedenen Produktionsstandorten und digitalen Infrastrukturen mit ihren weltumspannenden Kabelnetzwerken und Serversystemen. Diese Infrastrukturen werden mehr und mehr digital miteinander vernetzt und entwickeln sich zu einer eigenen Sphäre, der *Technosphäre*. Die Technosphäre ist äußerst kapitalintensiv und führt zur Akkumulation von ökonomischer Macht.»[69]

Diese gigantischen globalen Strukturen, die immer mehr digital vernetzt werden, haben Folgen, die durch die Corona-Krise aufgedeckt werden.

Die Herstellung der oben skizzierten Infrastrukturen, die die Beschleunigungen der anthropozänen Welt möglich gemacht hat, hat ungeheuer viel Geld gekostet. Geld, das man entsprechend woanders abgezogen hat, weil es in diesem Sinne nicht produktiv ist. Dieses Geld fehlt vor allem im *Gesundheitswesen*. Krankenhäuser sollen profitabel arbeiten. Wir haben die Folgen von Corona besonders deutlich in den Ländern gesehen, die in diesem Prozess schon weit vorangeschritten sind, etwa die USA und England. Das Geld fehlt auch in der Bildung, in den *Schulen* und ganz allgemein in allen Bereichen des *Sozialen,* beispielsweise der Pflege.

Die konventionelle Landwirtschaft ist nur dann profitabel, wenn sie die

69 Scherer 2020.

Welt des Lebens ausbeutet. Doch Leben ist per se auf Nachhaltigkeit angelegt. Die «moderne» Landwirtschaft widerspricht den Gesetzen des Lebens. Entsprechend werden die Tiere gequält und ausgebeutet, die Erde wird gequält, ausgebeutet und vergiftet.

Als Akteure der globalisierten Welt überqueren wir Grenzen und Kontinente aus wirtschaftlichen und touristischen Gründen. Gerade dadurch aber verbreiten wir das Virus. Betroffen von dem Virus sind so aber auch Menschen des Südens, die von den Prozessen der Globalisierung nicht profitieren, ihm jedoch ausgesetzt sind. Sie können sich gegen diese Verbreitung jedoch kaum wehren.

Das Versprechen der westlichen Moderne war lange Zeit, die Autonomie und die Freiheitsrechte des Menschen zu garantieren. Wir haben nur lange nicht bemerkt, dass das erkauft wurde durch die Ausbeutung der Natur und durch die Ausbeutung jener Menschen, die nicht in den westlichen Staaten leben. In den letzten Jahrzehnten verwandelte sich dieses Freiheitsversprechen in das Recht auf unbegrenzten Konsum: alles jederzeit kaufen zu können und jederzeit überall hinreisen zu können. *Inzwischen führen wir auf jeder Ebene Krieg gegen alles, was mit dem Leben zusammenhängt. Wir führen Krieg gegen die Erde, der wir unsere Existenz, wie wir gesehen haben, nicht nur verdanken, sondern von der wir selbst ein Teil sind.* Und nun ist aus dieser peripheren Lebenssphäre, dem Erdentrophoblasten, etwas aufgetaucht, das Corona-Virus, das uns die Folgen unseres Handelns drastisch vor Augen geführt hat.

Die Viren sind nicht nur Teil der Lebenswelt, sie stehen am Anfang des Lebens. Sie sind überall. Sie spielen bei den Prozessen der Evolution eine sehr wesentliche Rolle. Etwa die Hälfte unseres Erbgutes ist viralen Ursprungs. Virales Erbgut findet sich lückenlos im Erbgut aller Lebewesen. Die Viren sind Teil jener Mikrobenwelt, die als periphere Lebenswelt das Leben der Erde und damit auch unser Leben möglich machen.

Die Pandemie in Zusammenhang mit dem Virus Sars-CoV-2 (selbst wenn die akute Phase nach jetzigem Stand überwunden zu sein scheint) gibt uns die Chance und die Möglichkeit – ja, man könnte auch sagen: sie zwingt uns –, neu zu überdenken, wie wir die Zukunft gestalten wollen. Die Satellitenbilder der Erde, die während der Hochphase der Corona-Pandemie

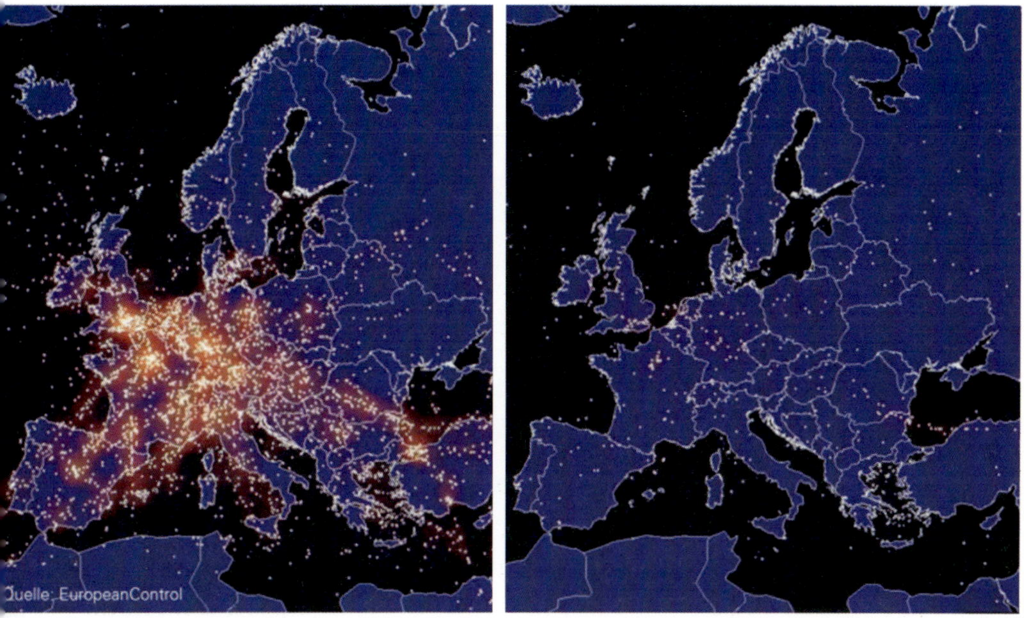

Abb. 63: Flugverkehr über Europa vor Corona (links) und während der Corona-Zeit (rechts)

entstanden sind (siehe Abb. 63), haben uns gezeigt, wie eine solche Zukunft aussehen könnte: eine Erde mit klarerer Atmosphäre, eine Atmosphäre mit sauberer Luft. Die Erde schien in dieser Zeit durchzuatmen. Auch wenn das nur ein kurzes Verschnaufen war, können uns die Ereignisse darauf aufmerksam machen, wie ein künftiges Leben aussehen könnte. Wir müssen gemeinsam die Frage beantworten, in welcher Welt wir leben wollen.

9. Wie wir uns selbst besser verstehen …

Wir haben jetzt vieles über den Menschen, die Erde und vor allem über die Mikroorganismen kennengelernt. Wenn wir es aus Sicht der Mikroorganismen betrachten, sind wir sogar überflüssig. Sie könnten auch ohne uns leben. Umgekehrt gilt das nicht. Wir brauchen die Mikroorganismen. Wir können nicht ohne sie existieren. Das fängt schon bei unseren täglichen Mahlzeiten an. Sie helfen uns zu verdauen. Ein zentrisches Wesen wie wir braucht das periphere Leben.

Wenn wir uns selbst verstehen wollen, müssen wir das Ganze in den Blick nehmen, das Zentrische und das Periphere. Betrachten wir unseren lebendigen Leib als Ganzes, dann würden die Forscher heute sagen, wir sind ein *Holobiont*. Das Wort ist aus dem griechischen Holos (alles, ganz) und bios (Leben) zusammengesetzt und drückt einen Gesamtorganismus aus, der aus einem Wirtsorganismus mit modernen Zellen besteht. Dieser lebt eng zusammen mit ursprünglichen Lebensformen wie etwa Bakterien, Viren und Pilzen, die wir in ihrer Gesamtheit *Mikrobiom* genannt hatten. Den Begriff Holobiont hat die große Biologin Lynn Margulis 1991 eingeführt. Er beschreibt also das Zusammenleben eines zentrischen Wesens, beispielsweise des Menschen, und der Lebewesen, die wir als periphere Lebewesen charakterisiert hatten, eben die Mikroben.

Diese symbiotische Lebensform ist nicht die Ausnahme, wie wir lange angenommen haben, sondern die Regel. Wir müssen sie als ein allgemeines Erfordernis verstehen. Es gibt wohl keinen frei lebenden Organismus, der nicht in Symbiosen lebt. *Auf der Erde kann man nicht allein leben. Es gibt vermutlich kein einziges Lebewesen, inklusive dem Menschen, das ohne die Hilfe anderer Lebewesen auskommt.* Wie wir noch sehen werden, kann man diesen Gedanken auch auf die ganze Erde anwenden.

In dem Abschnitt «Ich und Du – Mensch und Umwelt» (S. 47ff.) hatten wir schon vom *Erdentrophoblasten* gesprochen, also jener ursprünglichen Lebensgemeinschaft von Mikroorganismen, die die Verhältnisse auf der Erde so verändert hat, dass moderne Zellen und schließlich mehrzellige Lebewesen existieren können. Aus den frühen Bakterien und Blaualgen (Prokaryoten) gehen vor zwei Milliarden Jahren durch Symbiose die modernen Zellen hervor (Eukaryoten). Lynn Margulis beschreibt diesen Vorgang mithilfe der von ihr entwickelten Endosymbionten-Hypothese. Als sie 1967 diese Idee veröffentlichen wollte, wurde ihr Manuskript fünfzehnmal abgelehnt, bevor eine Fachzeitschrift es endlich publizierte. Es war damals noch undenkbar, dass die Lebewesen mit modernen Zellen durch Zusammenarbeit entstanden sein könnten, also durch Verschmelzung und Vermischung von Bakterien.

Lynn Margulis beschreibt in ihrer Hypothese, dass in jener Frühzeit der Erde Bakterien andere Bakterien aufnahmen, sie aber nicht verdauten, sondern die aufgenommenen Bakterien lebten jetzt in dem Wirtsbakterium und wurden dort zu jenen «Zellorganen», die wir heute als Chloroplasten (dienen der Fotosynthese) oder als Mitochondrien (dienen der Zellatmung und sind die «Kraftwerke» der modernen Zellen) kennen. Ein unwahrscheinlich eindrucksvoller Entwicklungsschritt.

Wir können diesen Vorgang heute schon genauer beschreiben: Als Erstes verschmolz ein Wärme und Schwefel liebendes Bakterium, das als vergärendes «Archaebakterium» bezeichnet wird, mit einem anderen Bakterium, das schwimmen kann. Der erste Schritt vollzog sich also dadurch, dass ein dünnes Bakterium (Spirochät), das sich besonders gut bewegen kann, von außen in ein Bakterium eindrang, das besonders gut verdauen kann. Es entstand eine frei schwimmende Zelle, die kein Bakterium mehr war und noch kein Tier bzw. keine Pflanze ist. Aber sie hatte schon einen Zellkern.

Die Biologen nennen diese Lebewesen, die im Einzelnen noch sehr unbekannt sind, von denen wir aber über 250.000 Arten kennen, Protisten. Dieser erste Protist lebte noch ohne Sauerstoff im Schlamm, in Felsspalten oder Tümpeln. Dann wurde als zweiter Schritt ein weiteres Bakterium in die Gemeinschaft aufgenommen: ein Bakterium, das Sauerstoff atmen konnte. Daraus wurden die Mitochondrien der modernen Zelle. Aus diesen Protisten sind die Tiere und die Pilze entstanden. In einem letzten Schritt erfolgte noch eine Neuerwerbung, wie Margulis schreibt: «Die Sauerstoffatmer umschlossen hellgrüne, fotosynthetische Bakterien (Cyanobakterien), nahmen sie in sich auf, konnten sie aber nicht verdauen. ... eine schwimmende Grünalge entstand.»[70]

Die Cyanobakterien wurden zu Chloroplasten, jenen Wunderwerken in grünen Pflanzenzellen, die die Sonnenenergie in einem organischen Stoff binden können, den wir als Zucker kennen. In dieser Urlebensgemeinschaft lebten also vor etwa zwei Milliarden Jahren vier verschiedene Gruppen von Bakterien mit sehr eigenen und besonderen Eigenschaften zusammen, die in mehreren Schritten zu den modernen Zellen verschmolzen. Interessant ist, dass die Funktionen Verdauung (hier Gärung), Beweglichkeit, Atmung und Wahrnehmung sowie die Umwandlung von Licht in den Urlebensgemeinschaften in getrennten Bakteriengruppen gepflegt wird. Die evolutiven Schritte zur Bildung der modernen Zellen und schließlich von Mehrzellern erfolgten wohl nur durch Verschmelzen, durch Vergemeinschaftung, sprich durch Symbiose. Es ist der Vorgang der Verinnerlichung. Die getrennten Funktionen werden verinnerlicht (die Bakterien werden aufgenommen) und ihre Fähigkeiten zusammengeführt.

Interessant ist auch, dass die verschiedenen Funktionen, die bei uns in Zusammenhang mit den Stoffwechselorganen bzw. mit den Gliedmaßen, der Brust und dem Kopf auftreten, schon bei den frühen Bakterien funktionell getrennt vorkamen. Damit wird deutlich, dass es sich hier um die Grundlebensfunktionen handelt, die wir bei jedem Organismus finden. Und wie gezeigt wurde, finden sich diese fundamentalen Lebensfunktionen auch bei der Erde (siehe den Abschnitt «Die drei Lebensprozesse der Erde», S. 129f.).

Es gibt aber in der Entwicklungsgeschichte der Organismen nicht nur die Tendenz, Lebensgemeinschaften zu bilden. Sondern gleichzeitig, parallel dazu, werden in der Evolution auch Autonomien erlangt. Dies sei kurz am Beispiel der Wirbeltiere beschrieben.

Die Fische leben noch so, dass sie vom Lebensraum Wasser abhängig sind. Mit dem Schritt der Amphibien, anfänglich das Land zu erobern, werden die Tiere unabhängiger vom Wasser. Die Reptilien vervollkommnen die

70 Margulis 2017, S. 53f.

Unabhängigkeit vom Wasser und erobern vorwiegend die Trockengebiete der Erde. Einige Dinosaurier erwarben schon eine eigene konstante Körpertemperatur. Aber erst die Vögel haben als ganze Gruppe die Möglichkeit einer autonomen Körpertemperatur zur Verfügung. Die Säugetiere schließlich erwerben, wie schon erwähnt, durch horizontalen Gentransfer aus der sie umgebenden Mikrobenwelt die Genetik, um einen Uterus auszubilden. Damit sind sie noch autonomer gegenüber der Umwelt geworden und können ihren Nachwuchs im Mutterleib heranreifen lassen. Aber mit den Gliedmaßen sind sie noch sehr an die jeweiligen Lebensräume angepasst. Diesen nächsten evolutiven Schritt macht nun der Mensch, indem er sich mit seinen Gliedmaßen nicht mehr an die Umwelt anpasst. Er richtet sich auf und passt sich dadurch sozusagen an seine eigenen Bedürfnisse an. Diese zunehmende Autonomisierung macht die Wirbeltiere schrittweise immer unabhängiger von der Umwelt. Auf der anderen Seite ist all dies nur möglich, weil wir aus dem Erdentrophoblast, aus der uns umgebenden Mikrobenwelt, jeweils die evolutiven Impulse erhalten. Darauf soll im Folgenden kurz eingegangen werden.

Den Darm eines Säugers kann man als den am dichtesten besiedelten Ort der Welt bezeichnen. Insofern ist er ein hervorragendes Beispiel, uns unser zentrales Thema noch einmal bewusst zu machen. Was machen die Mikroben in unserem Darm? Sie bauen unter Energiegewinn Stoffe, die wir mit der Nahrung aufgenommen haben, ab und verändern sie. Diese Fermentation führt also zur Bildung von Stoffen, die der Wirt gar nicht bilden kann. Diese neu gebildeten Stoffe können wiederum Ausgangsstoffe sein für noch ganz andere Mikroben, und der Vorgang beginnt von Neuem. Unsere Darmbewohner leben zwar tief in uns drinnen, sie sind aber nicht wirklich in uns eingedrungen. Die Darmschleimhaut verhindert das. Sie schützt uns vor allzu aufdringlichen Mikroben und nimmt gleichzeitig die Nährstoffe auf. Für die Mikroben ist der menschliche Darm ein langer, undurchdringlicher Schlauch, der nach beiden Seiten zur Welt offensteht und im Inneren gewissermaßen das Paradies bedeutet. Im hinteren Abschnitt des Dickdarms (dem Colon) drängen sich unzählige Mikroorganismen. Darauf weist auch der Mediziner Harald Matthes hin: «Die höchste bakterielle Besiedelung durch die Mikrobiota weist das Colon auf.»[71] Eine solche Dichte an Zellen wird sonst nirgendwo auf dem Planeten erreicht. Wissenschaftler sprechen von einem «Mikrobiota-Organ». Es übernimmt wichtigste Aufgaben für den Wirt. Bei uns wiegt dieses Organ etwa zwei Kilogramm.

Diese wichtigen Aufgaben liegen nicht nur in der Verdauung und der Aufnahme der Nahrung. «Die Darmmikrobengemeinschaft», scheibt der Biologe Bernhard Kegel in seinem schon zitierten Buch *Die Herrscher der Welt*, «regt die Peristaltik und Geweberegeneration des Darmes an, hat erheblichen Einfluss auf die Feinmorphologie der Darmschleimhaut, auf die Dichte der Blutgefäße, die sie durchziehen, und die Zahl der dort bereitgehaltenen teilungsfähigen Stammzellen. Sie ist entscheidend für die Ausbildung und Reifung des angrenzenden Lymphgewebes sowie die Dicke und Beschaffenheit der schützenden Schleimschicht im Darmlumen.»[72] Hier im Darm erfahren «ca. 70 Prozent aller immunkompetenten Zellen des Menschen ihre Prägung».[73]

Eigentlich sollte man meinen, dass all diese Aufgaben vom Körper selbst geregelt würden. Weit gefehlt. Wir können nicht allein leben. Und das sind nur einige Hinweise in Bezug auf die Darmmikroben. Was aber, wenn wir krank werden, keinen Appetit haben und kaum noch etwas essen? Wir wissen, dass der Körper auf seine eigenen Reserven zurückgreift, wenn die Nahrung nicht mal mehr für ihn selbst reicht. Nun hat man herausgefunden, dass die Darmbewohner in dieser Zeit mit der L-Fucose (ein Einfachzucker, der für die Zell-Zell-Kommunikation benötigt wird), einem besonderen Zucker, von uns gefüttert werden. Diese energiereiche Ersatznahrung wird jetzt vom Dünndarmepithel gebildet und von den Mikroben gerne aufgenommen und verarbeitet.

Natürlich ist das Angewiesensein auf die Mikroben der Umwelt auch durch unzählige Beispiele aus dem Tierreich belegt. Gerade unter den Insekten gibt es viele Arten, die sich extrem einseitig ernähren. Zikaden saugen Pflanzensaft, eine sehr einseitige, ärmliche Zuckerlösung. Mücken saugen Blut. Bei

71 Matthes 2022.

72 Kegel 2015, S. 215f.

73 Matthes 2022.

Abb. 64: Walhai mit Putzerfischen

vielen Käfern, etwa dem Hirschkäfer, fressen die Larven morsches Holz, also Zellulose. Das können nicht einmal die Wiederkäuer selbst verdauen. Mit dieser einseitigen Ernährungsweise erfüllen sie jeweils ihre Aufgaben im ökologischen Zusammenhang. Wer sich aber so einseitig ernährt, kann nicht allein leben. Bakterien liefern als Endosymbionten, die in speziellen Zellen (Bakteriozyten) oder speziellen Organen (Bakteriomen) leben, die fehlenden lebenswichtigen Stoffe.

Ein besonders faszinierendes Beispiel ist der im Meer lebende Plattwurm *Paracatenula.*[74] Er hat weder Mund noch Darm. Seine Körpermasse besteht fast zur Hälfte aus Bakterien einer speziellen Art, die ihn mit Energie und allen lebensnotwendigen Nährstoffen versorgen. Bei der Verdauung entstehen wahrscheinlich nicht einmal Abfallprodukte, da die Tiere nichts ausscheiden können. Die Bakterien können in einem fotosyntheseähnlichen Prozess Zucker und andere organische Verbindungen herstellen. Als Energiequelle

74 Czichos 2019.

Abb. 65: Eine Giraffe mit Madenhackern, Botswana, 4. April 2018

nutzen sie nicht Sonnenlicht, sondern Schwefelwasserstoff, der im Meeresboden verfügbar ist.

Symbiosen gibt es aber natürlich auch zwischen anderen Lebewesen. Die Abbildung 64 zeigt die fantastische Aufnahme eines Walhais (*Rhincodon typus*) vor der mexikanischen Halbinsel Baja California von dem Fotografen Evans Baudin. Der Walhai hat das Maul weit aufgerissen, um Nahrung zu sich zu nehmen. Im Maul und am unteren Rand des Mauls sieht man viele Schiffshalterfische, die als «blinde Passagiere» mitreisen und für den Walhai als Symbionten die Mundhygiene erledigen. Die Schiffshalterfische können im Meer frei herumschwirren oder ein «Hygieneorgan» für den Walhai sein.

Die Giraffe (*Giraffa camelopardis*) lebt, wie viele andere Bewohner der afrikanischen Savanne, in einer symbiontischen Beziehung mit Vögeln.

Die Rotschnabel-Madenhacker (*Buphagus erythrorhynchus*) machen für sie Hautpflege und entfernen die vielen lästigen Ektoparasiten. Auch hier können sich die Vögel entweder frei bewegen oder ein symbiotisches «Organ» der Giraffe sein.

Beim schon erwähnten Plattwurm *Paracatenula* leben beide Symbiosepartner als ein gemeinsamer Organismus zusammen, dessen Zellen wir nur bisher verschiedenen Organismen zuordnen. Bei Walhai und Giraffe sind die Symbiosepartner für unsere alltägliche Wahrnehmung zwei Organismen, die auch räumlich nicht immer zusammen sind.

Das folgende Beispiel weist uns in noch größere Lebenszusammenhänge. Die pflanzenfressenden Tiere würden ohne ihre reiche Symbiontenflora verhungern. Nur diese sind in der Lage, die Molekülketten der Zellulose zu spalten. Im Pansen, dem ersten Magen der Wiederkäuer, wird der Pflanzenbrei gründlichst fermentiert. Der Pansen befindet sich vor dem Labmagen, jenem sauren Magen, in dem die Verdauungshelfer dann selbst verdaut werden und damit zum Beispiel noch als wertvolle Aminosäure Lieferanten dienen. Der Fermentationsraum liegt bei anderen Pflanzenfressern, wie etwa den Pferden, hinter dem sauren Magen. Der Blinddarm hat hier diese Funktion übernommen. Bei manchen Pferderassen kann er bis zu 30 Liter fassen. Woher aber kommen die Symbionten in den Huftiermägen bzw. im Huftierdarm? Natürlich infiziert sich das Kälbchen oder das Fohlen durch den Kontakt mit seiner Mutter. Aber sie bekommen die Symbionten im Frühjahr und Sommer auch aus der Landschaft, in der sie leben. Diese symbiotischen Mikroben überwintern im Honigmagen der Bienen. Ab dem Frühjahr, wenn die Bienen wieder fliegen, «infizieren» sie die von ihnen besuchten Blüten. Wenn diese von den Huftieren gefressen werden, schließt sich der Kreislauf. Die Mikroben wandern also über Biene, Blume und Huftier im Kreis und helfen allen zu leben. Hier finden sich die Symbiosezusammenhänge schon im landschaftlichen Ausmaß.

Was passiert aber, wenn ein Raubtier dazu übergeht, nur noch eine extrem einseitige Pflanzenkost zu fressen? Dann wird man zum Großen Panda (*Ailuropoda melanoleuca*). Als Raubtier hat er nur einen kurzen Magen und keine Fermentationskammer. Er frisst aber fast ausschließlich Bambus, eine Art Riesengras. Davon muss er sehr große Mengen zu sich nehmen, täglich über 12 Kilogramm, denn er verdaut davon nur etwa 17 Prozent. Nun kann der Große Panda kein einziges zellulosespaltendes Enzym selbst herstellen. Die Hilfe kommt, Sie ahnen es schon, von bakteriellen Symbiosepartnern. In ihrem Darmmikrobiom konnten mehrere entsprechende Bakterienformen nachgewiesen werden.

Und wie ist das beim Menschen? Wir Menschen können keine Algen verdauen. Hierzu noch einmal die Schilderung von Bernhard Kegel: «Nur Japaner, die im Durchschnitt täglich 14,2 Gramm davon zu sich nehmen, verfügen über die nötigen Enzyme. Diese stecken in einem Bakterium namens Bakteroides plebeius, das man im Darm von Nordamerikanern bislang vergeblich gesucht hat. Japaner, in deren Därmen dieses Bakterium sehr häufig ist, scheinen da also über etwas zu verfügen, das außerhalb des normalen menschlichen Mikrobenspektrums liegt, auch wenn es sich nur um eine einzige Mikrobenart handelt. Das Interessante ist nun aber, dass auch Bacteroides plebeius nicht der Eigentümer und Erfinder der algenabbauenden Enzyme ist. Die Gene, die man für die Produktion dieser Enzyme braucht, stammen ursprünglich von einem algenfressenden Meeresbakterium namens Zobellia galactanivorans. Vermutlich haben Japaner zusammen mit ihrer geliebten Algenkost wiederholt auch dieses Bakterium zu sich genommen, das seine Gene dann irgendwann per horizontalem Transfer auf Bacteroides plebeius weitergegeben hat. Möglicherweise war es vorher sehr selten.»[75] Wodurch also können Japaner Algen verdauen? Dadurch, dass sie aus der sie umgebenden Mikrobenwelt Bakterien aufgenommen haben. Diese neuen Darmbakterien haben selbst erst die Gene von anderen frei lebenden Spezialisten übernommen. Die Lösung für ein (Verdauungs-) Problem kommt aus dem Erdentrophoblast.

Die obigen Beispiele haben alle eines gemeinsam: Die Hilfe für einen bestimmten Evolutionsschritt oder für die Lösung eines bestimmten Problems, zum Beispiel etwas verdauen zu können, stammt aus dem Erdentrophoblast. Wir sollten aufhören, die Welt der Mikroben als Feinde zu betrachten. Wir sollten aufhören, Krieg zu führen gegen jene periphere Lebenswelt, aus der wir hervorgegangen sind und die uns bis heute am Leben hält. Durch unsere

75 Kegel 2015, S. 226ff.

Lebensweise erschüttern wir gegenwärtig dramatisch das Partnergefüge des menschlichen Holobionten. Schon eine Gabe von Antibiotika im frühen Kindheitsalter birgt die Gefahr, dass das Mikrobiom des Darmes nachhaltig geschädigt wird. Das wirkt sich aber dann auf das Immunsystem aus. Denn dieses reift im Kontakt mit den Darmmikroben aus. Viele der sogenannten Zivilisationskrankheiten (wie etwa Asthma, Allergien, Neurodermitis, Zöliakie, Diabetes, chronische Darmentzündungen) haben mit Fehlentwicklungen des Immunsystems zu tun. Für Adipositas sind Veränderungen im Mikrobiom des Darmes nachgewiesen. Die Zusammensetzung des Mikrobioms entscheidet darüber, wie viel Energie der Nahrung entzogen wird, um sie dem Wirt verfügbar zu machen.

Das Mikrobiom unseres Darmes verarmt deutlich, wenn wir superhygienische, in Massen produzierte und industriell verarbeitete, kalorienreiche Nahrung zu uns nehmen. Menschen, die im ländlichen Malawi oder im Amazonasgebiet von Venezuela leben, also wenig Kontakt zu unserer westlichen Lebensweise haben, weisen eine viel größere Mikrobenvielfalt in ihrem Darmmikrobiom auf als wir. Das kann man als eine mögliche Erklärung nehmen, warum diese Menschen so selten an Allergien, Asthma, Diabetes und Herzkreislauferkrankungen leiden.

Als der US-amerikanische Journalist Michael Pollan bei seinen Recherchen für die *News York Times* Mikrobiologen interviewte, fragte er sie, was sie selbst in ihrem Leben verändert hätten, seitdem sie an diesen Themen arbeiten. «Ihre Antwort: *Zurückhaltung mit Antibiotika, besonders bei Kindern, daheim keine übertriebene Sauberkeit und die Aufforderung an die lieben Kleinen, draußen und mit Tieren zu spielen, sowie last but not least eine Ernährung, die weitgehend auf industrielle Fertigprodukte verzichtet.*»[76] Man könnte bei der Ernährung noch ergänzen: Vollkornprodukte und verschiedene Obst- und Gemüsesorten. Denn der Konsum einer Vielzahl von Polysacchariden erhöht die mikrobielle Vielfalt.

Das klingt banal und nicht so, als ob dafür viele Jahre intensiver Mikrobiomforschung nötig gewesen wären. Aber denken wir nur an das zu Beginn erwähnte Zusammenleben des kleinen Stummelschwanztintenfisches von

76 Kegel 2015, S. 241f.

Hawaii mit seinem Leuchtbakterium *Vibrio*. Um nur diese eine Symbiose von einem Wirt mit einer Bakterienart zu erforschen, sind viele Jahre Arbeit von Dutzenden von Forschern investiert worden. Und es bleiben immer noch zahlreiche offene Fragen. Beim Menschen und bei anderen Organismen haben wir es aber vielfach mit Tausenden von Symbiosen zu tun. Die Erforschung all dieser Zusammenhänge ist also sehr mühsam und zeitaufwendig. Wir wollen diese Mühen sehr achten und bewundern. Und wir können dann auch verstehen, warum wir immer noch sehr wenig von all diesen Zusammenhängen wissen, die uns die moderne Mikrobiologie eröffnet.

Bleibt noch die Frage, wie die Lebewesen zu ihrem Mikrobiom kommen. Es gibt hierbei verschiedene Wege.

Mikroben, die in den Zellen ihrer Wirte leben, gehen zum Beispiel in das Plasma der Eizellen. Man könnte auch sagen, der Wirt gewährt den Zugang. Gerade bei Insekten scheint es so zu sein, dass symbiotische Bakterien wie Gene über die Eizelle weitervererbt werden. Und, man kann es kaum glauben, dies hat man inzwischen sogar für Spermien als «Fährschiffe» in die nächste Generation nachgewiesen.

Den anderen Weg finden wir oft bei Meeresbewohnern. Die Nachkommen werden ganz ohne Mikroben in die Welt geschickt. Beim Stummelschwanztintenfisch haben wir dies schon beschrieben: Die Wirte impfen ihre Umgebung mit den Mikroben, und die Mikroben aus der Umwelt impfen ihre Wirte. Das erscheint zunächst riskant, denn man könnte auch leer ausgehen. Man muss sich aber klarmachen, dass die Bakterien seit sehr langen Zeiträumen gelernt haben, mit einer bestimmten lokalen Umgebung zurechtzukommen. Jeder noch so kleine Lebensraum hat ganz unterschiedliche Anforderungen, mit denen ein Lebewesen sich arrangieren muss. Welch wunderbare Möglichkeit, wenn ich mir aus meiner lokalen Umgebung die notwendigen Mikroben hole! Bernhard Kegel spricht in diesem Zusammenhang von einem Dialog zwischen Wirt (dem zentrischen Lebewesen) und Mikrobe (dem peripheren Lebewesen). So lernen die Wissenschaftler immer besser, diesem Gespräch zu lauschen.

Wie ist das nun beim Menschen? Während der Geburt, also während der Passage durch den Geburtskanal, bekommt das Kind eine regelrechte Bakteriendusche der mütterlichen Vaginal- und Enddarmflora. Durch den intimen Vorgang des Stillens und den Kuss von Mutter, Vater und Geschwistern erhält das Kind zusätzliche Hautbakterien und Bakterien des Mundes. Ganz neu ist die Erkenntnis, dass es auch Bakterien über die Muttermilch gibt – die alles andere als keimfrei ist, wie wir früher dachten. Das Kind wird auf diesem Weg von der Mutter mit über sechshundert Bakterienarten versorgt. Die Muttermilch selbst besteht vor allem aus Fetten und Milchzucker. Die drittgrößte Fraktion an Stoffen in der Muttermilch sind sogenannte Oligosaccharide (kurzkettige Kohlenhydrate), die das Kind gar nicht verwerten kann. Diese Human Milk Oligosaccharides, kurz HMOs genannt, sind gar nicht für das Kind gedacht, sondern für seine Darmmikroben! Damit wird die Ansiedelung von bestimmten Bakterien unterstützt und die Ansiedelung von unpassenden Bakterien verhindert. Diese HMOs werden über das Blut überall hingebracht, wirken entzündungshemmend und bewahren das noch junge Immunsystem vor Überreaktionen. Entsprechend ist die Gefahr für nichtgestillte Kinder größer, Allergien zu bekommen, genauso wie für «Kaiserschnitt-Kinder», denn Allergie bedeutet ja nichts anderes als eine «hysterische» Überreaktion eines gestressten Immunsystems.

Außerdem wird das Kind schon während der Schwangerschaft von Mikroben besiedelt, was wir zum Beispiel durch Untersuchungen des sogenannten Kindspechs nachweisen können.

Wir müssen aber auch sagen: Durch unsere Lebensweise erschüttern wir dramatisch das Partnergefüge des Holobionten Erde. Und um wie vieles weniger wissen wir über die Zusammenhänge des Lebewesens Erde mit all seinen unzähligen Symbiosen!

Wir kennen aber doch schon erstaunliche Parallelen im Mikrokosmos Mensch und Makrokosmos Erde. Wir wissen, dass eine ungestörte Bakteriengemeinschaft auf der Haut oder im Darm den fremden Mikroben den Zugang verwehrt. Entsprechend wissen wir, dass unberührte Wälder eine vergleichbare Widerstandsfähigkeit gegenüber eingeschleppten Tieren oder Pflanzen haben. Eingeschleppte Tiere oder Pflanzen können überall dort verheerende Wirkungen entfalten, wo der Mensch durch seine Aktivitäten stark zerstörte Flächen geschaffen hat. Ein intakter Landschaftsorganismus ist sehr widerstandsfähig, gerade auch gegenüber dramatischen Umwelteinflüssen wie Stürmen oder Trockenheit.

Das gilt auch für die Landwirtschaft. Ob eine Pflanze in ihrer Umgebung zurechtkommt, liegt auch an Endosymbionten. Zu denen gehören auch Pilze, die in den Blättern und Sprossen der Pflanzen leben. Wenn man etwa ein Gras, das auf salzhaltigen Böden an der Küste wächst, ohne seine Endosymbionten züchtet, kann es nicht mehr in seinem natürlichen Lebensraum überdauern. Das finden wir entsprechend auch bei Gräsern, die auf heißen Böden in geothermisch aktiven Gebieten leben. Wenn man nun die Endosymbionten der Gräser von der Küste den Gräsern von den geothermisch aktiven Regionen gibt und umgekehrt, dann wechselt die Fähigkeit, im jeweiligen Lebensraum zurechtzukommen. Die Gräser von der Küste wachsen nun prächtig auf geothermisch aufgeheizten Böden, und die Gräser der geothermisch heißen Regionen gedeihen plötzlich auf den salzhaltigen Böden der Küste.[77]

Wir bemerken, dass das Leben im Boden, das in Form von Pilzen bis in die Pflanzen reicht, zu einer «Vermählung» von Pflanze und Boden führt. Die Mykorrhiza-Pilze bewirken aber noch viel mehr. Wir müssen uns die Pilzfäden im Boden wie einen klebrigen, lebendigen Saum vorstellen, der den Boden zusammenhält. Verschwinden die Pilze, wird der Boden viel leichter weggespült. Sie sorgen aber auch dafür, dass der Boden mehr Wasser aufnehmen kann und dass um 50 Prozent weniger Nährstoffe ausgewaschen werden. In einem einzigen Teelöffel gesunden Bodens leben nicht nur Tausende von Metern Pilzfäden (Myzel), sondern es leben hier mehr Bakterien, Protisten, Insekten und Gliederfüßler, als jemals Menschen auf der Erde gelebt haben.[78]

Schon in den 1940er-Jahren hat Sir Albert Howard davor gewarnt, dass die Anwendung von chemischen Düngemitteln die Mykorrhiza-Beziehungen zwischen Pflanzen und Pilzen zerstören würde. Er befürchtete, dass man dadurch nicht nur die Gesundheit des Bodens schwächen würde, sondern dass so auch die Gesundheit und Produktion von Getreidepflanzen leiden würde – ebenso wie die Gesundheit von Mensch und Tier.[79]

Dies erleben wir heute in drastischer Weise. Ein Beispiel? In der zweiten Hälfte des 20. Jahrhunderts hat sich die Getreideproduktion verdoppelt. Der

77 Sheldrake 2020, S. 212f.

78 Leifheit et al. 2014, Martinez-García et al. 2017, Berendsen et al. 2012.

79 Howard 1945.

Preis, den wir für diese Verdoppelung bezahlt haben, ist aber sehr hoch – zu hoch, wie wir jetzt bemerken. Denn «die landwirtschaftlichen Erträge haben einen gleichbleibenden Wert erreicht, obwohl die Menge der eingesetzten Düngemittel in der zweiten Hälfte des 20. Jahrhunderts um das Siebenhundertfache zugenommen hat».[80] Das Problem ist, dass wir den Boden meistens nur als leblose Substanz betrachten, anstatt ihn als etwas Lebendiges zu begreifen, das wir pflegen sollten. Inzwischen zerstören wir vielfach nur noch den Boden durch immer weitere Steigerung des Einsatzes von Mineraldünger und Giften, ohne die Produktion zu erhöhen. Im Gegenteil: Wir sind heute an dem Punkt angelangt, dass sich die Produktion nicht mehr nur nicht steigern lässt, sondern sogar zurückgeht. Wir müssen wieder lernen, dass es überhaupt Leben gibt. Wir sollten wieder lernen, mit dem Leben zusammenzuarbeiten.

Es ist immer das Gleiche: Stören wir die Mikroorganismen in unserem Darm, dann leidet unsere Gesundheit. Und wir kennen eine immer größer werdende Anzahl von Krankheiten, die wir nur deshalb bekommen, weil wir die «Keime» loswerden wollen. Wenn wir die Mikroorganismen in unserem Darm ganz zerstören, dann sterben wir sogar. Stören wir die beeindruckende Reichhaltigkeit der Mikroben in den Böden der Erde, leidet die Gesundheit der Pflanzen. Dann leidet die Gesundheit von Landschaften. Und an den Folgen unseres Handelns leidet inzwischen die Gesundheit der Erde. Was wird passieren, wenn wir die Mikroorganismen immer weiter zerstören?

Es gibt aber nicht nur einen Austausch zwischen Pflanzen, sondern sogar die «Hilfe» von einer Pflanze für die andere. 1997 veröffentlichte die kanadische Doktorandin Suzanne Simard eine Studie, in der sie nachwies, dass Pflanzen auch Kohlenstoff austauschen.[81] So hatten in einem Versuch Tannen und Birken, die über Mykorrhiza-Pilznetzwerke miteinander verbunden waren, Kohlenstoff ausgetauscht, aber Birken und Scheinzypressen nicht. Die Letzteren hatten kein solches Netzwerk als Verbindung. Die Pilze dienten also der Übertragung von Kohlenstoff von einem Baum zum anderen.

80 Sheldrake 2020, S. 216f.

81 Simard 1997, 2018.

Abb. 66: Mit 1306 Beinen ist der Tausendfüßler *Eumillipes persephone* das Tier mit den meisten Beinen.

Es ist aber noch toller: Wuchsen die Tannen im Schatten, sodass ihre Fotosyntheseleistung geringer war, dann erhielten sie mehr Kohlenstoff von den «Spenderbirken» als Tannen, die im Licht wuchsen. Es floss also Kohlenstoff von Bereichen des Überflusses (Birke) zu Bereichen des Mangels (Tanne). Ein Baum hilft einem anderen Baum, der sogar noch einer anderen Art angehört, mithilfe eines dritten Lebewesens, eines Pilzes. Das Ganze wird besser verständlich, wenn wir diese Lebewesen nicht als getrennte Organismen betrachten, sondern als einen Lebensorganismus. Dann hilft ein Organ dem anderen.

Der jüngst in sechzig Metern Tiefe entdeckte Tausendfüßler *Eumillipes persephone* hat seinen Namen von der griechischen Göttin der Unterwelt, Persephone. Er gilt im Moment als das Tier mit den meisten Beinen auf der Erde. Mit einer Länge von zehn Zentimetern kommt dieser platte «Bindfaden» in engen Spalten tief in der Erde in einem kaum bekannten Lebensraum vor. Er spielt im Ökosystem eine wichtige Rolle, denn er frisst Gestein, und er kann Nährstoffe verwerten. Auch er hat also eine bestimmte «Organaufgabe»: Er ist Teil jener Schnittstelle, an der der mineralische Anteil der Erde den anderen Lebewesen verfügbar gemacht wird.

Abb. 67: Atlantische Kompassqualle (*Chrysaora fulgida*), Bucht von Walfisbay, Namibia, 10. April 2023

Zum Schluss dieses Kapitels sei noch ein Blick auf die Quallen geworfen. Sie gehören zu den ursprünglichsten Mehrzellern und leben seit Urzeiten vor allem in den Meeren. Die Quallen werden oft mit den Rippenquallen und den Schwämmen zu einer gemeinsamen ursprünglichen Gruppe zusammengefasst: den Hohltieren (Coelenterata). Sie kennen noch kein Vorne und Hinten, kein Rechts und Links. Es sind frühe, mehrzellige Lebewesen, die noch wenig zentrisch sind, sondern vor allem selbst noch Peripherie (für andere). Sie bewegen sich durch rhythmische Kontraktionen fort.

Nun ist es in unserem Zusammenhang besonders interessant, dass viele Quallen von anderen Lebewesen begleitet werden, etwa von Fischen. Die Abbildung 68 zeigt die Qualle *Rhopilema hispidum*, die von einem Schwarm Stachelmakrelen begleitet wird. Die vorwiegend jungen Fische suchen bei Gefahr Schutz vor Räubern zwischen den gefährlichen Mundarmen der Qualle. Die Größe der Begleitfische spielt aber nur eine untergeordnete Rolle, denn die Begleiter können in der Größe durchaus sogar «ihre» Qualle übertreffen. Da die großen, ausgewachsenen Fische nicht mehr die Möglichkeit haben, sich zwischen den Mundarmen zu verstecken, kann der Aspekt des Schutzes nicht der einzige sein. Zwar finden zum einen die jungen Fische

Abb. 68 a und b: Stachelmakrelen mit ihrer Qualle (*Rhopilema hispidum*), Palawan, Philippinen

Schutz, sie nutzen die artfremde Qualle aber ganz offensichtlich auch als einen «Mutterorganismus». Die sphärische Qualle wird von ihren Begleitern faktisch zu einem solchen Mutterorganismus erkoren. An ihr orientiert man sich. Die Fische begleiten das sphärische Wesen, das für sie die Aufgabe der immer wieder erwähnten Lebensperipherie erfüllt und ihr eigenes zentrisches Leben besser möglich macht. So kann uns die Qualle zum Bild werden für die Aufgabe, die der Urorganismus Erde für alle Lebewesen hat.

Wir müssen unsere alte Vorstellung aufgeben, die Erde sei nur von biologischen Individuen bevölkert. Die neuen Forschungsergebnisse legen nahe, dass die interaktiven Beziehungen zwischen den Arten die Grenzen des Organismus verschwimmen lassen. Und gleichzeitig findet als Evolutionsvorgang die Autonomisierung statt. Es geht immer um Gleichgewichtsbildung; die Biologen nennen es Homöostase. Es geht um Gleichgewichtsbildung zwischen Auflösen der biologischen Individualität und Erobern von biologischer Autonomie; um Gleichgewicht zwischen Mikroben und Wirt; um Gleichgewicht zwischen den unterschiedlichen, in einer Landschaft zusammenlebenden Arten, die eben in Wirklichkeit einen Landschaftsorganismus bilden; und um Gleichgewicht zwischen den Landschaften mit ihren Artengemeinschaften (z.B. Regenwald – Savanne – Wüste; oder Pole – Äquator; oder Land – Wasser und so weiter).

Es geht in Wirklichkeit nie um die Frage: Wie kann ich den anderen loswerden, wie kann ich ihn zerstören, damit ich allein leben kann? Es geht immer nur um die Frage: Wie können wir zusammenleben? Der Krieg der Lebewesen gegeneinander ist eine Erfindung des 19. Jahrhunderts, die wir endlich überwinden sollten. Die Erde zu verstehen heißt, uns selbst besser verstehen zu können. Die Biologen sprechen von *Symbiosen* und *Koevolution*: davon, wie Lebewesen zusammenarbeiten und sich gemeinsam entwickeln. Wir Menschen sollten uns also fragen, wie wir uns gemeinsam mit den anderen Menschen, den anderen Lebewesen, den Landschaften und mit der Erde als Ganzes weiterentwickeln können. Das vor uns liegende Jahrhundert wird daher ein Jahrhundert der Zusammenarbeit werden müssen.

Dass jede neue Idee auf Kritik stößt, ist normal. Kritik ist erwünscht. Sie präpariert die Schwachstellen heraus und sorgt dadurch für eine Verbesserung der Idee. Warum aber hat es die Idee von einer belebten Erde so schwer? Dafür wäre es ja erforderlich, dass die Wissenschaftler der verschiedenen Wissenschaftsgebiete Kenntnisse außerhalb ihres Faches haben. Die Geowissenschaftler müssten sich mit der Biologie beschäftigen, vor allem der Mikrobiologie. Und die Biologen müssten sich mit geografischen, geologischen und astronomischen Themen auseinandersetzen. Zu einer solchen fächerübergreifenden Zusammenarbeit lädt der heutige Wissenschaftsbetrieb nur sehr zögerlich ein. Auch hier ist also Zusammenarbeit das Elixier, das uns alle weiterbringt. Und nicht zuletzt sollten sich die Naturwissenschaftler für den wirtschaftenden Menschen interessieren und die Menschen für die seriösen und mühsam errungenen Erkenntnisse der Naturwissenschaften. Beide Seiten fremdeln miteinander, auch weil es dann möglicherweise unbequem wird.

10. Partnerschaft mit der Erde

Zu Beginn des letzten Kapitels wurde die Tatsache erwähnt, dass Mikroorganismen uns nicht zum Leben brauchen, umgekehrt aber schon: Wir können ohne Mikroorganismen nicht leben. Wie verhält sich das nun mit der Erde? Dass wir ohne die Erde nicht leben können, wird jedem einleuchten. *Aber braucht die Erde uns?* Wir können immer wieder lesen, dass es der Erde wieder gutginge, wenn nur der Mensch endlich wieder verschwände. Ist das wirklich so? Vordergründig betrachtet kann das so erscheinen, weil wir die Erde im Moment zerstören. Aber gibt es nicht auch positive Entwicklungen auf der Erde, die ohne den Menschen nicht stattfinden könnten? Können wir zusammen mit der Erde eine gemeinsame, positive Entwicklung gestalten? Dieser Frage soll in diesem Kapitel nachgegangen werden.

Lange Zeit war die Zerstörung der Natur eine lokale Angelegenheit. Dass der Mensch durch seine Aktivitäten die globale Lebenssphäre bedroht und eine ökologische Krise herbeigeführt hat, ist neu in der Geschichte des Menschen. Als dies in den 1960er- und 1970er-Jahren in das Bewusstsein der Öffentlichkeit drang (Rachel Carsons 1962 erschienenes Buch *Silent Spring*, «Der stumme Frühling», gilt vielfach als Anfang der ökologischen Bewegung), bildeten sich zahlreiche kleine Umweltinitiativen. Bei diesen Aktivitäten kann man zwei sehr verschiedene Motivationen unterscheiden, sich für die Umwelt einzusetzen, die jeder von uns von sich selbst kennt.

Die eine Richtung könnte man den «anthropozentrischen» oder auch utilitaristischen Naturschutz nennen. Er erhält seine Motivation in erster Linie daher, Schäden, die den Menschen direkt bedrohen, abzuwehren. Ich setze mich für Naturschutz ein, weil ich meine Gesundheit als bedroht ansehe oder weil ich mich gesund ernähren will – mit Lebensmitteln ohne Pestizidrückstände oder ohne Verunreinigung durch Genmanipulationen. Ich engagiere mich gegen den Bau von Kernkraftwerken und für die Reinhaltung des Trinkwassers. Ich betreibe also Naturschutz, damit es mir (oder meinen Kindern) gutgeht, und nicht um der Natur selbst willen. (Das ist hier, zuge-

Abb. 69: Zitrusschwalbenschwanz (*Papilio demodocus*), Namibrand bei Khorixas, Namibia, 6. April 2023

gebenermaßen, überspitzt formuliert, denn oft geht es den Menschen auch bei solchen Umweltaktivitäten, etwa bei ihrem Einsatz gegen Atomenergie oder gegen den Klimawandel, nicht nur um das eigene Wohlergehen oder das ihrer Kinder, sondern auch darum, eine bestimmte Landschaft oder die ganze Erde vor einer extrem lang andauernden Belastung zu schützen und irreparable Entwicklungen zu verhindern.)

Die andere Richtung könnte man den «ökozentrischen Naturschutz» nennen. Er ist idealistisch motiviert. Bei diesen Aktivitäten gibt es keinen ersichtlichen Nutzen für den Menschen. Es hat auf mein Wohlergehen beispielsweise keine Auswirkung, ob es auch künftig noch den Apollofalter oder den Wanderfalken geben wird.

Bei näherem Zusehen braucht es ja beide Herangehensweisen, und beide ergänzen sich. Der Verzicht auf Biozide kommt nicht nur dem Menschen zugute, sondern auch den vielen Wildkräutern auf unseren Äckern. Umgekehrt erhöht die Erhaltung von naturnahen Räumen unsere Lebensqualität.

Abb. 70: Savanne in Tansania, August 1999

Abb. 71: Kudus, Namibia, Juni 1990

Auch hier begegnen wir bei den zwei Richtungen, Naturschutz zu betreiben, wieder dem Motiv des Zentrischen und des Peripheren.

Nun können wir beim Zusammenleben von Erde und Mensch drei Stadien unterscheiden, die wir in der Landschaft ablesen können:

1. Wir wissen heute sicher, dass unsere Heimatlandschaft die *afrikanische Savanne* ist. In ihr hat sich die Menschwerdung abgespielt. Und keine Landschaftsform auf der Erde beherbergt so viele Säugetierarten, allein fast siebzig Antilopen- und Gazellenarten. Wer kennt die Savanne nicht von Abbildungen oder von eigenen Reisen: weite Ebenen oder sanfte Hügellandschaften, mit Gras bedeckt, in denen einzelne Baumgestalten stehen, die in der Ferne in einen Wald überzugehen scheinen. Will man in diesen Wald hineinlaufen, weicht er scheinbar zurück. Es ist eine perspektivische Täuschung, bei der die Bäume mit zunehmender Entfernung zusammenzurücken scheinen. Es sind vor allem zwei Baumarten, die hier dominieren. Zum einen finden wir die Schirmakazien, mit ihren vielen kleinen verzweigten Stämmen und einem flachen, schattenspendenden Kronenschirm. Viele Tiere suchen in der Mittagshitze Schutz in ihrem Schatten. Der riesige Baobab (Affenbrotbaum) mit seinen tonnenartigen dicken, individuellen Einzelstämmen ist der zweite Charakterbaum der ostafrikanischen Savanne. Dazwischen ein Meer an Gräsern. Das Besondere an dieser Landschaftsform ist das Miteinander von Baum und Gras, was es bei uns so natürlicherweise nicht gibt. Bei uns wächst, wenn der Mensch nicht eingreift, flächendeckend Wald. Nur im Hochgebirge über der Baumgrenze oder an der Küste gibt es natürliche, baumlose Graslandschaften. In der afrikanischen Savanne ist das Zusammenleben von Baum und Gras durch den Wechsel von Regen- und Trockenzeit möglich. In der Trockenzeit reicht das Wasser in tieferen Bodenschichten gerade für die weit auseinanderstehenden Einzelbäume. Junge Bäume, deren Wurzeln nicht in die Tiefe dringen, gehen in der Trockenzeit zugrunde. Das Gras, das nur in den oberen Bodenschichten wurzelt, ist auf lange Trockenzeiten eingerichtet. In der nächsten Regenzeit treiben die Gräser wieder kräftig aus.

Diese Form der Savanne ist eine reine und ursprüngliche, vom Menschen ungezähmte Naturlandschaft. Sie ist unsere Urheimat. Die Savanne ist die vermittelnde Landschaft zwischen den Wüsten, in denen die abbauenden

Abb. 72: Baobab am Eyasi-See, Tansania, August 1999

Abb. 73: Schirmakazien, Mkuzi-Park, Südafrika, Juni 1988

Abb. 74: Golanhöhen, Israel, April 1986

Todesprozesse dominieren, und den Regenwäldern, in denen die vegetativen, aufbauenden Vorgänge alles überwuchern.

2. Von Afrika ausgehend, ist der *Homo sapiens* über den geografischen Raum des Nahen Ostens nach Asien und nach Europa gewandert. Andreas Suchantke schildert diese Landschaft sehr eindrücklich: «In Galiläa, auf den Golanhöhen und von dort in einem weiten Bogen über den gesamten ‹Fruchtbaren Halbmond› nach Anatolien und sogar bis in den Norden Afghanistans erstrecken sich *gemäßigte Savannen: Steppenhaine von parkartigem Aussehen* aus laubabwerfenden Eichen und wilden Pistazien; die Landschaft vermittelt einen ähnlichen Eindruck wie die ostafrikanische Savanne. Jeden Baum trennt einmal ein größerer, mal geringerer Abstand vom Nachbarn, und jeder kann seine breite Krone frei entfalten. Der Boden ist bedeckt von reicher Kraut- und Grasflur, die vom Sommer bis in den Spätherbst braun getrocknet daliegt und sich erst wieder im Winter oder, in nördlichen Gebieten, im Frühjahr mit frischem Grün überzieht. ... Wieder ist es eine Savannenlandschaft, die für den Menschen hoch bedeutsam geworden ist.

Abb. 75: Kulturlandschaft südlich von Florenz, Italien, 17. Mai 2018

Diesmal ist es eine, in der sich Nördliches und Südliches mischt oder einstmals mischte, afrikanische Elemente – Antilopen, Nilpferd, ausgestorbene Giraffenverwandte – mit gemäßigt europäischen (paläarktischen) Formen, wie Damhirsch und Reh, Bär und Wolf, in der Pflanzenwelt Papyrus und Eichen, um nur zwei besonders markante Vertreter zu nennen.»[82] *Diese Savannenform ist nicht mehr nur naturbedingt, sondern sie ist aus dem Zusammenwirken von Mensch und Natur hervorgegangen.* Der Mensch hat diese Landschaft seit Urzeiten bewohnt.

3. Eine dritte Form der Savanne finden wir zum Beispiel bei uns in Europa, die *«Kultursavanne»*. In gewisser Weise haben wir uns eine künstliche Savanne geschaffen und nennen das Kulturlandschaft. *Sie ist reines Menschenwerk.* Der Mensch hat bei uns den ursprünglichen Wald gerodet, Dörfer gegründet und lokal kleine, vielfältige Lebensräume geschaffen, in die Tiere und Pflanzen aus anderen Landschaften einziehen konnten: aus dem Hochgebirge, von den Küsten, aus den östlichen Steppen, dem Mittelmeerraum. So entstand eine Landschaftsform, die deshalb mit der Natursavanne übereinstimmt, weil sie wie keine andere Landschaftsform das arten- und lebensformenreiche Miteinander von Pflanzen und Tieren erreicht, in die der Mensch integriert ist. Die Übereinstimmung der Kultur- mit der Natursavanne ist so groß, dass Botaniker, die vor gut hundert Jahren Ostafrika bereisten, dort von Obstgartensteppe sprachen.[83]

Die Kulturlandschaft als ökologischer Organismus

Wir können nur bewundern, wo unsere Vorväter ein Dorf gegründet haben. Hans-Christoph Vahle hat dies in einer Studie ausführlich geschildert.[84] Die Dorfsiedlungen entstanden im Grenzbereich zwischen feuchten Niederungen und trockeneren Böden. Vom Dorfkern aus ergibt sich mit zunehmendem Abstand ein «Kulturgradient», der sich in drei konzentrische Kreise gliedern lässt. In unmittelbarer Umgebung des Dorfes ist der Gemüseanbau.

82 Suchantke 1993, S. 119f.

83 Nach A. Engler 1910.

84 Vahle 1991.

Abb. 76: Böhmisches Paradies, Tschechien, Juli 1995

Abb. 77: Obstbaum-Feldflur am Fuße der Schwäbischen Alb, 1990

Abb. 78: Garten auf der Uhlandshöhe, Stuttgart, April 2020

Die Pflanzen sind so gezüchtet, dass man vor allem ihre Blätter nutzen möchte, beispielsweise Kohl. Das Blühen tritt ganz in den Hintergrund. Im zweiten Kreis finden wir auf der trockeneren Seite die Getreidefelder, die zunächst intensiv wachsen und die Körner bilden (siehe Abb. 79, S. 168). Je mehr die Getreidehalme vertrocknen, umso stärker treten die bunten Blüten der Begleitflora in Erscheinung wie Mohn, Kornblume oder Ackerdistel. Diese Tendenz verstärkt sich im dritten Kreis. Auf den Schafweiden mit ihren Magerrasen zeigt sich eine kleinblättrige Vegetation mit einer überreichen Blütenfülle. Der starke Nährstoffentzug hier im äußeren Kreis führt dazu, dass die Vegetation sehr empfindlich auf die kleinsten Unterschiede in den Standortverhältnissen reagiert. Die Vegetation scheint diese Verhältnisse sehr fein wahrzunehmen. Das ist bei den stark vegetativ dominierten Pflanzen im inneren Kreis gerade nicht so. Sie sehen überall gleich aus und spiegeln nicht die lokalen Verhältnisse wider. Auf der feuchten Seite finden sich im mittleren Kreis die Weiden und Wiesen, bei denen das Blühen in Richtung Peripherie immer mehr zunimmt. Im äußeren Ring sind dann die sehr schmalblättrigen Seggen und Binsen angesiedelt.

In der Biologie sprechen wir oft vom animalen und vom vegetativen Pol eines sich entwickelnden Organismus. Im vegetativen Bereich spielen sich die Aufbauprozesse ab, im animalen mehr die wahrnehmenden und abbauenden Prozesse des Sinnes-Nerven-Systems. Dazwischen schiebt sich vermittelnd das Zirkulations- und Atmungssystem. Die klassische Ökologie hat längst diese fundamentale Dreigliederung entdeckt, die jeden Organismus auszeichnet (siehe auch den Abschnitt «Die drei Lebensprozesse der Erde», S. 129f.). Die Ökologie spricht von Produzenten (meist aufbauende Pflanzen), Destruenten (abbauende Bakterien und Pilze) und Konsumenten (Tiere und Mensch; sie halten, solange sie leben, die Waage zwischen Auf- und Abbau).

So dürfen wir die Kulturlandschaft mit Recht als einen Organismus bezeichnen. Die kulturschaffende Tätigkeit des Menschen differenziert die Gemarkung in die drei Kreise, in denen jeweils einer der angedeuteten Prozesse dominiert. Die Kulturlandschaft ist ein echtes Kulturereignis. Der kulturell tätige Mensch macht die Natur vielfältiger, als sie ohne ihn wäre. Er entwickelt die Natur weiter. Dabei hat sich die Anzahl der Wildpflanzen in Europa in den vergangenen fünftausend Jahren fast verdoppelt. Erst mit der

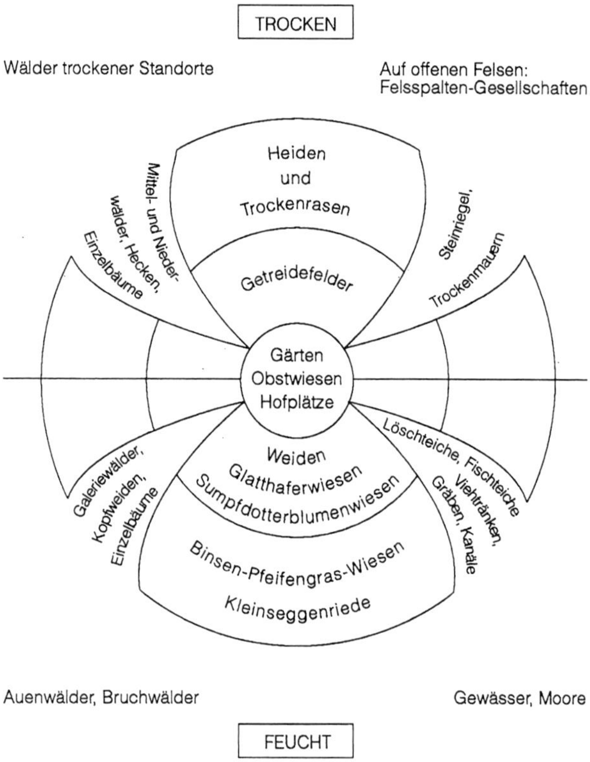

Abb. 79: Idealbild der nordwestdeutschen Kulturlandschaft

industriellen Revolution haben wir angefangen, uns gegen das Leben der Erde zu wenden, und die Artenzahl begann drastisch zurückzugehen (siehe Abb. 80, S. 170).

Die Schaffung von Kulturpflanzen ist ein weiteres Beispiel für die Zusammenarbeit und Weiterentwicklung der Natur mit und durch den Menschen. Diese Pflanzen sind nicht nur vom Menschen gezüchtet worden. Sie sind ohne die Pflege des Menschen gar nicht dauerhaft lebensfähig. Eine spektakuläre und evolutionsfördernde Tat des Menschen. Ein Blick auf die Kulturpflanzen, die wir anbauen, zeigt das. Aus Vorderasien und dem Mittelmeerraum stammen Dinkel, Emmer, Weizen, Gerste, Hafer, Roggen, Erbsen und Linsen, Ackerbohnen, Rüben- und Retticharten, Raps, Pflaume und Quitte. Dazu kommen Mohrrübe, Sellerie, Fenchel und Spargel. Süd- und Mittelamerika tragen mit Mais, Kartoffel, Tomate, Peperoni (Paprika), Busch- und Stangenbohnen, Sonnenblumen, Topinambur und Kürbis bereichernd zu unserer Ernährung bei. Nicht zuletzt gehört auch der Tabak dazu. Aus Indien kommen Gurke und Aubergine, aus China Pfirsich und Aprikose. Viele dieser Arten sind uns so selbstverständlich, dass wir glauben, sie würden von hier stammen. Mitteleuropa trägt fast nichts bei. Es ist durchaus offen, ob Apfel, Birne und Kirsche in Mitteleuropa veredelt wurden.

So schreibt Suchantke: «Alle echten Kulturpflanzen sind nur unter der pflegenden Hand des Menschen lebensfähig, ohne Betreuung würden sie schnell wieder verschwinden. ... In besonderem Maße gilt das für die Kulturpflanzen-Gemeinschaften, also die Vergesellschaftung verschiedener Gewächse in den Obst- und Gemüsegärten oder, wie das früher üblich war, auch in den Feldern. Man kann diesen Mischfruchtanbau da und dort heute noch in ‹rückständigen› Gebieten sehen, etwa im rumänischen Karpatenvorland: Mais und Bohnen, Kartoffeln und Mangold wachsen in bunter Mischung, und dazwischen ranken Kürbisse. Mit zu diesen Gemeinschaften gehören natürlich die Tiere, die Rinder in erster Linie, die den Dünger liefern. Auf diese Weise entstanden neue Ökosysteme, die es vorher nicht gab und die in der ursprünglichen, vom Menschen unverwandelten Natur nicht zu existieren vermögen. Der Mensch ist einerseits voll in sie integrierter Teil, andererseits aber weit mehr, nämlich der hervorbringende, formende und erhaltende Faktor, selbstverständlich in Übereinstimmung mit den natürlichen Gegebenheiten der Bodenverhältnisse, des Klimas usw.»[85]

Die Kulturlandschaft ist ohne den Menschen nicht existenzfähig. Es gäbe sie ohne ihn nicht. Der Mensch hat zwar in einem ersten Schritt durch die Rodungen des ursprünglichen Waldes erst einmal die Natur zerstört, er ist dabei aber nicht stehengeblieben. Er hat dann eine Landschaft geschaffen, die sehr viel abwechslungsreicher, vielfältiger und artenreicher ist, als es ohne ihn je möglich wäre.

Mensch und Erde sind also sehr wohl in der Lage zusammenzuarbeiten. Der Mensch kann die Erde auf eine gemeinsame «Kulturentwicklung» mitnehmen. Bei dieser Art der Entwicklung sind beide Partner aufeinander

85 Suchantke 1993, S. 111f.

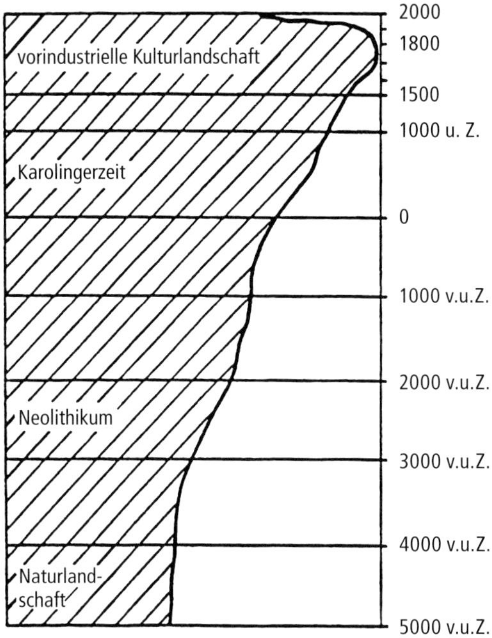

Abb. 80: Zunahme des Artenreichtums an Wildpflanzen auf dem Weg von der Naturlandschaft zur Kulturlandschaft

angewiesen. Das Ergebnis dieser gemeinsamen Entwicklung sind neue, zusätzliche Tier- und Pflanzenarten und Vielfalt in der Landschaft. Eine solche Entwicklung fördert das Leben: das Leben der Erde, das Leben der Tiere und Pflanzen und nicht zuletzt das Leben des Menschen.

Schon 1993 stellte Lovelock fest: «Entscheidend ist die Gesundheit des Planeten und nicht die irgendeiner einzelnen Art von Organismen. ... Die Gesundheit der Erde ist am meisten durch die gewaltigen Veränderungen im natürlichen Ökosystem gefährdet. Als Hauptquelle dieser Umweltschäden werden Land- und Forstwirtschaft sowie in geringerem Umfang der Fischfang gesehen.»[86] Daran hat sich bis heute wenig geändert.

Die sogenannte moderne Landwirtschaft von heute verwandelt die Landschaft in eine «Kulturwüste». Ein Maisfeld, auf dem nur die eine Art, der Mais, wächst, ist ein sehr lebensarmer Ort. Die in vielen tausend Jahren erarbeitete Vielfalt der Kulturlandschaft wird eingeebnet. Wir erkaufen den hohen Ertrag mit dem Vergiften der Landschaft und dem Tod vieler «un-

86 Lovelock 1993, S. 18f.

erwünschter» Lebewesen. Das ist ein zu hoher Preis. Die industrielle Landwirtschaft zerstört nicht nur unsere Lebensgrundlage, sie zerstört unsere Zukunft. Wir brauchen dringend einen Umbau der Landwirtschaft zu einer biologischen Landwirtschaft. Der Verzicht auf Kunstdünger – und damit die drastische Reduktion des Gifts – ist kein Zurück in die Vergangenheit, wie heute oftmals behauptet wird. Das ist ein großes Missverständnis. Es geht um eine Landwirtschaft, die wirtschaftlich und effizient arbeitet und gute Ernten erbringt. Es geht um eine Landwirtschaft, die nicht die Welt zerstört. Wenn die Umstellung auf ökologischen Landbau in der bisherigen Geschwindigkeit voranschreitet, sind wir erst in einhundert Jahren so weit, dass wir die konventionelle Anbauweise hinter uns gelassen haben. Bis dahin ist die Erde aber eine Wüste. Wir brauchen eine Landwirtschaft ohne Kunstdünger, ohne Herbizide, ohne Pestizide.

In einem Interview von 2021 hat der bekannte deutsche Agrarwissenschaftler, Felix Prinz zu Löwenstein, Mitglied im Bioökonomierat der Bundesregierung, die aktuelle Situation deutlich benannt und auf Alternativen hingewiesen: «... es funktioniert, wenn man bereit ist, die Natur als Lehrmeister zu akzeptieren: Untersaaten wie Weißklee oder Rotklee dienen als natürliche Düngung, Leguminosen wie Lupinen oder Luzerne reichern den Boden mit Stickstoff an, der Anbau von Mischfrüchten wirkt als biologische Schädlingsbekämpfung, weil sich Pflanzen gegenseitig schützen – so wie Zwiebeln und Karotten, die seit jeher beste Nachbarschaft im Feld pflegen. ... Die Zahl der Kulturpflanzen, die unsere Ernährung sicherstellen, ist allein in Europa seit 1900 um fünfundsiebzig Prozent zurückgegangen, und für die Zukunft sieht es nicht besser aus: Eine Million Arten könnten laut Vereinten Nationen in den nächsten Jahrzehnten verschwinden. Die Hauptschuld trägt die Hochleistungslandwirtschaft, weit vor dem Klimawandel, der Umweltverschmutzung und der Verbreitung invasiver Arten. Sie hat dafür gesorgt, dass heute nur neun der sechstausend Pflanzenarten, die der Mensch im Laufe seiner Geschichte kultiviert hat, zwei Drittel der weltweiten Ernten liefern. Eine Studie auf der Basis von Daten des amerikanischen Landwirtschaftsministeriums hat gezeigt, dass Saatgutfirmen in den Vereinigten Staaten Anfang des zwanzigsten Jahrhunderts 307 verschiedene Maissorten im Sortiment hatten. Achtzig Jahre später waren es noch zwölf. Bei Erbsen ging das von 408 auf 25, bei Gurken von 285 auf 16 und bei Salaten von 497 auf 36 Sorten zurück.»[87]

Dieser Verlust an Sortenvielfalt, an Artenvielfalt und an genetischer Vielfalt ist schockierend. Eine Landwirtschaft, die mit der Erde zusammenarbeitet, hatte im Laufe von Jahrhunderten, ja Jahrtausenden dazu geführt, dass fast in jedem Dorf eine andere Apfelsorte, eine andere Birnensorte, eine andere Schweinerasse gezüchtet worden war. Diese bewundernswerte Vielfalt war Ausdruck dafür, dass die Pflanzen und Tiere jeweils optimal an die lokalen Gegebenheiten angepasst waren. So waren sie resistenter gegen Schädlinge und brachten höhere Erträge. Die Hochleistungslandwirtschaft hat genau zum Gegenteil geführt. Die hier genutzten Pflanzen und Tiere können nur dann hohe Erträge erbringen, wenn man mit viel Gift und Kunstdünger die Welt zerstört. Wenn wir die wirklichen Kosten der Agrarindustrie für die Umwelt, das Klima und die Gesundheit mit in die Preise einkalkulieren würden, dann wäre schnell deutlich: So eine Landwirtschaft ist viel zu teuer, das können wir uns nicht leisten.

Die biologisch-dynamische Landwirtschaft zeigt seit einhundert Jahren, dass man vollwertige Lebensmittel ohne Vergiftung und Zerstörung der Umwelt erzeugen kann. Es ist zwar richtig, dass die durchschnittlichen Erträge über alle Kulturen geringer sind. Aber biologische und insbesondere biologisch-dynamische Ackerböden haben mehr Humus, sind belebter, sind artenreicher und produzieren weniger Treibhausgase. Überdies setzen sie Energie und Nährstoffe effizienter in Erträge um. Das zeigen die Ergebnisse aus dem seit 1978 laufenden Vergleich zwischen den Anbausystemen biologisch-dynamisch, organisch-biologisch und konventionell (DOK) in Therwil bei Basel.[88] Bei Soja und Mais zeigen Langzeitversuche über 22 Jahre, dass konventionelle und ökologische Landwirtschaft gleiche Ergebnisse nachweisen.[89] Und da keine Kosten anfallen für Herbizide, Fungizide, Insektizide und riesige Mengen an Mineraldünger, die der Umwelt zusetzen, ist die betriebswirtschaftliche Bilanz durchaus positiv. Der Landwirt Karl Tress schildert dies eindrucksvoll: «Auf Demeter-Höfen gibt es eine Kreislaufwirtschaft. Denn jeder Hof

87 Strobel 2021.
88 Mäder 2019.
89 Zaller 2018.

wird als lebendiger Organismus verstanden, in dem jedes Organ das andere braucht: Mensch, Pflanze, Tier und Boden wirken zusammen. Deshalb sind auch die Anzahl der Tiere und die Ackerflächen harmonisch aufeinander abgestimmt. Landwirt*innen arbeiten entweder eng mit Viehhalter*innen zusammen oder halten genau die angemessene Anzahl Tiere, deren Mist dann für dauerhafte Bodenfruchtbarkeit und volle Pflanzenreife sorgt. So bekommen Tiere Futter vom Hof und Menschen beste Lebensmittel.»[90]

Es ist richtig, was in weiten Teilen der Umweltbewegung gegenwärtig als generelle Kritik am Menschen und seinem Verhalten gegenüber der Umwelt formuliert wird: Wir haben eine Seite in uns, die die Natur zerstört. Heute wird vor allem auf diese Seite des menschlichen Handelns geblickt. Wir haben aber auch eine andere Seite in uns, die mit der Natur zusammenarbeiten kann. Dafür wurden oben Beispiele aus Mitteleuropa geschildert.

Wir müssen uns entscheiden, welche Welt wir wollen. Wir werden das Dogma des ewigen Wirtschaftswachstums infrage stellen müssen, denn ein solches Wachstum schließen die Naturgesetze aus.

Es gibt aber keinen Kulturraum, an dem sich nicht zeigen lässt, dass die Menschen mit der Natur zusammenarbeiten können und dies über lange Zeiträume auch getan haben. Wer sich hier umfassender informieren will, kann in dem schon erwähnten Buch von Andres Suchantke, *Partnerschaft mit der Natur*, vieles nachlesen.

Im Jahr 2002 hat der Chemie-Nobelpreisträger Paul Crutzen den Begriff des «Anthropozän», das Zeitalter des Menschen, eingeführt. Er nennt diese Ära deshalb so, weil wir in nie dagewesener Weise die Erde verändern, und zwar so stark, dass sich die Veränderung in den Meeressedimenten abbildet. Wir können den Anfang des Anthropozäns, wenn wir es in dieser Weise definieren, zeitlich auch ziemlich genau festlegen: Ab den Fünzigerjahren des letzten Jahrhunderts hat das Übermaß an Dünger aus der Landwirtschaft Algenblüten verursacht. Die toten Algen sanken auf den Meeresboden und wurden wegen des niedrigeren Sauerstoffgehalts nicht mehr abgebaut. Seitdem sind die Meeressedimente beispielsweise in der Ostsee schwärzlich dunkel. Gleichzeitig kann man das Gift DDT feststellen und den vermehrten Ruß aus den Fabrikschloten.

90 Tress 2016: https://www.demeter.de/fakten#fakt11. Siehe auch Fuchs 2014.

Der Journalist Stefan Schmitt schilderte 2022 in einem Artikel der *Zeit*, dass man den Beginn des Anthropozäns sogar auf ein bestimmtes Jahr datieren kann, nämlich das Jahr 1956: «Denn just dort, wo das Ostsee-Sediment sich durch den menschlichen Einfluss matschig-dunkel färbte, entdeckten die Forscher erste Spuren von Plutonium und Americium, Zeugen überirdischer Atomwaffentests in Tausenden Kilometer Entfernung.»[91]

91 Schmitt 2022.

11. Zukunftsfragen

Zu den großen Fragen und Herausforderungen der Zukunft wird es also gehören, wie wir mit dem Leben der Organismen und mit dem Leben der Erde zusammenarbeiten können. Das Leben ist immer praktisch und konkret. Das Folgende mag für den einen oder anderen banal klingen, es geht aber ganz konkret auch um diese Fragen und Gesichtspunkte: Was essen wir? Wie werden unsere Lebensmittel produziert? Kennen wir die lebendige Natur? Schätzen und respektieren wir sie oder wollen wir sie weiter zerstören? Kennen wir die Lebensrhythmen der Erde und arbeiten wir mit ihnen oder gegen sie? Wie kann so eine Zusammenarbeit mit der Welt des Lebens aussehen? Wie können wir nachhaltig wirtschaften?

Keine dieser Fragen ist neu. Aber wir weigern uns seit zweihundertfünfzig Jahren, sie positiv zu beantworten. Die Folgen davon hat uns das Corona-Virus wie in einem Brennglas deutlich gemacht. Und die Folgen unseres Handelns führt uns noch drastischer der Klimawandel vor Augen. Das Leben braucht eine Peripherie, eine Umgebung, die für es selbst günstig ist.

So müssen wir uns also fragen: Welche Lebensperipherie braucht ein landwirtschaftlicher Hof? Welche Lebensperipherie braucht eine Landschaft? Wie können wir die Erde darin unterstützen, Lebensperipherie für das Leben überhaupt zu sein? Und wenn wir uns um gesunde Grundlagen des Wirtschaftens bemühen wollen und nach Alternativen zum Dogma des Wirtschaftswachstums suchen, müssen wir uns auch fragen: Welches Lebensumfeld braucht ein Betrieb? Welches soziale Umfeld braucht ein Unternehmen, eine Gesellschaft?

Es ist ausgeführt worden, dass die periphere Lebenswelt, die Mikroben und die Pilze, in einem gesunden Boden die Pflanzen darin unterstützen, besser existieren zu können. Es wird jedoch nicht ganz einfach sein, einem toten Boden wieder zum Leben zu verhelfen. Wir haben Getreidesorten gezüchtet, die schnell wachsen, wenn man ihnen viel Dünger zusetzt. Das hat aber zu «verwöhnten» Pflanzen geführt. Sie haben die Fähigkeit, mit Pilzen zusammenzuarbeiten, fast vollständig verloren. Nur – es wird nicht reichen, die Böden mit Pilzen und Bakterien neu zu impfen. Diese Lebewesen müssen die richtigen Bedingungen antreffen, damit sie gedeihen können. Dann muss man wissen, wie man mit dem Leben kooperiert. Man muss wissen, wie man mit dem Boden so zusammenarbeitet, dass er nicht tot wird, sondern immer noch lebendiger. Dafür werden wir tiefgreifende Veränderungen der landwirtschaftlichen Methoden brauchen. Das ist genauso, wie wenn wir unsere Darmflora wieder in Ordnung bringen wollen. Um Gesundheit wiederzuerlangen, muss man Ernährung und Lebensweise grundlegend ändern. So auch im Großen: Die Lebewesen sind alle miteinander vernetzt; auch die Landschaften sind miteinander vernetzt. Alle Prozesse auf der Erde sind Teile von Lebensprozessen.

Also noch einmal: Muss ich als Landwirt viel Kraftfutter zukaufen? Muss es sein, dass in Brasilien Regenwald abgeholzt wird und unter Einsatz von Mineraldünger und viel Gift Soja angebaut wird, das dann nach Europa transportiert und hierzulande an Kühe verfüttert wird – nur damit diese schneller wachsen? Kann man die Landwirtschaft nicht so umgestalten, dass Kühe mit dem auskommen, was die Landschaft um den Hof hergibt – im Sinne einer Kreislaufwirtschaft?[92] Können wir die moderne Technik mit all ihren Möglichkeiten der Computertechnologie nicht auch in diesen Bereichen einsetzen? Wir brauchen auch Unternehmerinnen und Unternehmer, die die Technik für eine noch bessere Zusammenarbeit mit dem Leben bereitstellen können. Welche Firmen haben den Mut, mehr Produkte anzubieten, die aus nachhaltiger Produktion kommen – einer Produktion, die die Zusammenarbeit mit der Erde für wichtig hält und es ermöglicht, Produkte anzubieten, die dem Menschen gemäß sind? Nur so können Erde und Mensch sie selbst sein.

Ohne ein Bewusstsein von der ganzen Erde und der Tatsache, dass sie lebt, werden wir die Zukunft nicht bewältigen können. «Bio» allein wird nicht ausreichen. Wir müssen die lebendige Erde als Ganzes in den Blick nehmen und von dort aus denken und handeln. Das ist damit gemeint, was wir im Vorwort als «Bio 2.0» bezeichnet haben. Unsere Zukunft

92 Siehe dazu auch die Ausführungen von Dr. Dipl.-Ing. agr. ETH Anet Spengler Nef.

Abb. 81: Elefanten nach dem Baden im Kwando, Nebenfluss des Sambesi, Bwawata Nationalpark, Namibia

wird davon abhängen, ob wir zum Zusammenarbeiten mit dem Leben und mit den anderen Menschen fähig sein werden und ob wir die Gleichgewichtsbildungen, die das Leben braucht, erzeugen und unterstützen können.

Jede Kultur hatte früher ihre heiligen Orte in der Natur: einen Baum, einen Hain, einen Felsen. Diese Orte waren unberührbar. Der anerkannte Entwicklungs- und Umweltökonom Partha Dasgupta, von 1997 bis 2001 Dekan der Fakultät für Wirtschaft- und Politikwissenschaften an der University of Cambridge, der zur Ressourcenökonomik und zur Biodiversität forscht und publiziert, schlägt vor, Nationalparks und Naturschutzgebiete als heilige Orte zu begreifen, insofern sie unberührbar sind für die Ausbeutung durch den Menschen.[93] Und in diesem Sinne können wir festhalten: Eine Landwirtschaft, die die Natur nicht ausbeutet, sondern mit ihr zusammenarbeitet, sie vielfältiger macht, würde der Erde, der Natur wieder ihre Würde zurückgeben und ihr einen eigenen Wert verleihen, der nicht verhandelbar ist. Es kommt auf uns selbst an, auf jeden Einzelnen.

Abschließend können wir sagen: Der Holobiont Erde versorgt aus seiner peripher bleibenden Sphäre des Lebens, die wir hier immer wieder Erdentrophoblast genannt haben, die zentrischen Wesen mütterlich mit vielem,

93 Grefe u. Habekuß 2021, S. 33 f.

was sie zum Leben brauchen. Und umgekehrt bedanken sich die zentrischen Lebewesen bei «Mutter Erde» dadurch, dass sie den Erdentrophoblasten verändern und erneuern.

Schon mit den ersten Lebewesen auf der Erde war potenziell die Möglichkeit verbunden, dass irgendwann auch ein Organismus wie der Mensch entsteht. Daher können wir ja davon sprechen, dass bereits diese früheste Mikrobengemeinschaft der Erde auch als frühester menschlicher Leib angesehen werden kann. So hat alles angefangen. Die ganzen Lebewesen, die wir aus der Evolution kennen, sind dann rückblickend nichts anderes als unterschiedliche Stadien einer Entwicklung des Menschen. Wenn wir in die Welt schauen, sehen wir gleichzeitig die verschiedenen Evolutionsstufen unserer Brüder und Schwestern, die im Nacheinander entstanden sind, aber in der Gegenwart zusammenarbeiten. Und in unserer kosmischen Gegenwart sehen wir am Nachthimmel gleichzeitig die unterschiedlichen kosmischen Evolutionsstufen, die unzähligen Galaxien, die sich zu unterschiedlichen Zeiten gebildet haben. So können wir als Menschen im Blick auf die lebendige Erde und auf das von ihr getragene Leben der Pflanzen und Tiere – und im Blick in das schier unendliche Weltall – die Einheit von Mensch und Erde erfassen und unseren Zusammenhang mit dem gesamten Kosmos erahnen.

Fachwortverzeichnis

Asthenosphäre: der feste, aber weiche und fließfähige Teil der Erdkruste (die darüberliegende Lithosphäre schwimmt auf der Asthenosphäre auf). Die Asthenosphäre ist zwischen 60 und 400 km dick, sie besteht aus Olivin, Granat, Orthopyroxen und Spinell.

autotroph: bedeutet, dass Pflanzen Fotosynthese betreiben können und daher in der Lage sind, sich selbst (= autos) zu ernähren.

Bakteriom: spezielle Organe, in denen symbiontische Bakterien leben

Bakteriozyten: spezielle Körperzellen, in denen ein Organismus Bakterien beherbergt

Dilatationszone: Zone, in der zwei Erdplatten auseinanderwandern

Embryoblast: jener Teil des werdenden Keimes, aus dem sich der Embryo mit seinen Anhängen wie Dottersack oder Allantois bildet

Endosymbiont: Organismus, der im Körper oder in der Zelle eines anderen Organismus lebt.

Epigenetik: Bindeglied zwischen den Umwelteinflüssen und den Genen

Eukaryoten: Organismen mit modernen Zellen mit Zellkern, bei Pflanzen mit Chloroplasten

heterotroph: Tiere, Pilze und die meisten Bakterien und Archäen können keine Fotosynthese betreiben und müssen daher als Nahrung schon bestehende organische Substanz (eben heteros = fremde Substanz) zu sich nehmen.

Holobiont: Gesamtlebewesen aus dem eukaryotischen Wirt und den vielen mit diesem zusammenlebenden Mikrobenarten (dem Mikrobiom)

Hologenom: alle Gene des Wirtes und die seiner mit ihm lebenden Mikroben

Homöostase: stabiles Ungleichgewicht = Fließgleichgewicht. Gleichgewicht der verschiedenen physiologischen Funktionen des Körpers, z.B. beim Blutzucker oder der Körpertemperatur

Interdependenz: gegenseitige oder wechselseitige Abhängigkeit

Kompressionszone: Zone, in der zwei Erdplatten zusammenstoßen

Mikrobiom: Gesamtheit aller mikrobiellen Spezies in einem mehrzelligen Organismus

Prokaryoten: ursprüngliche Zellen von Bakterien ohne Zellkern und ohne Chloroplasten

Trophoblast: Aus ihm bilden sich die den Embryo umgebenden Eihäute und bei Säugern ein Teil der Plazenta.

Literaturverzeichnis

Aburto, J. M., et al. (2021): Quantifying impacts of the COVID-19 pandemic through life-expectancy losses: a population-level study of 29 countries. In: *International Journal of Epidemiology*, dyab 207, 26.9.2021. https://doi.org/10.1093/ije/dyab207

Bargatzky, Walter (1978): *Das Universum lebt.* Econ Verlag. Düsseldorf/Wien.

Bender, H.-U., Fettkötter, W., Kümmerle, U., Albert, G., Ruhren von der, N. (1993): *Fundamente. Geographisches Grundbuch für die Sekundarstufe II.* S. 362.

Berendsen, R. L., Pieterse, C. M., Bakker, P. A. (2012): The rhizosphere microbial and plant health. In: *Trends in Planet Science 17.* S. 478-486.

Bryson, R. A., Bare, F. K. (1974): Climates of North Amerika. In: *World Survey of Climatology, Volume II.* Elsevier Scientific Publishing Company. Amsterdam/London/New York, S. 6-17.

Böhning-Gaese, Katrin, Bauer, Friederike (2023): *Vom Verschwinden der Arten. Der Kampf um die Zukunft der Menschheit.* Klett-Cotta. Stuttgart.

Carson, Rachel (1962): *Silent Spring.* Houghton Mifflin. Boston.

Carus, Carl Gustav (1986): *Zwölf Briefe über das Erdenleben.* Hrsg. v. Eckart Meffert. Verlag Freies Geistesleben. Stuttgart.

Czichos, Joachim (2019): Einzigartige Symbiose. In: *Wissenschaft aktuell*, 9.4.2019. https://www.wissenschaft-aktuell.de/artikel/Einzigartige_Symbiose_Bakterien_fuettern_Wurm1771015590690.html

Curtis, T. P., Sloan, W. T. (2004): Procaryotic diversity and its limits: microbial community structure in nature and implications for microbial ecology. Current Opinion in Microbiology / (3), S. 221-222.

Diercke Weltatlas 2020: Jahreszeitenklimate nach C. Troll und K.-H. Paffen (1963). S. 246. Westermann Verlag. Braunschweig.

Düwel-Hösselbarth, Waltraut (2002): *Ernteglück und Hungersnot.* Konrad Theiss Verlag. Stuttgart.

Engler, A. (1910): *Die Pflanzenwelt Afrikas, 1. Band. Die Vegetation der Erde.* Hrsg. v. A. Engler u. O. Drude. Leipzig 1910, Reprint Vaduz 1976.

Eisenstein, Charles (2021): *Klima. Eine neue Perspektive.* Europa Verlag. München.

Farnsworth, K. D., Nelson, J., Gershenson, C. (2013): Living is information processing. From molecules to global Systems. *Acta Biotheoretica 61*, S. 203-222. DOI 10,1007/s10441-013-9179-3.

Falck-Ytter, Harald (1989): *Das Polarlicht. Aurora Borealis und Australis in mythologischer, naturwissenschaftlicher und apokalyptischer Sicht.* Verlag Freies Geistesleben. Stuttgart.

Flohn, Hermann (1954): *Witterung und Klima in Mitteleuropa.* S. Hirzel Verlag. Stuttgart.

Fuchs, Nikolai (2014): *Evolutive Agrarkultur.* Verlag Lebendige Erde im Demeter e.V. Darmstadt.

Gee, Henry (2022): *Eine (sehr) kurze Geschichte des Lebens.* Hoffmann und Campe. Hamburg.

Getzin, S., Holch, S., Yizhaq, H., Wiegand, K. (2022): Plant water stress, not termite herbivory, causes Namibia's fairy circles. *Perspectives in Plant Ecology, Evolution and Systematics 57*, 125698.

Grefe, Christiane, Habekuß, Fritz: Bei Natur versagt der Markt. Interview mit Sir Parthan Dasgupta. *DIE ZEIT*, Nr. 32, 5.8.2021, S. 33.

Göpfert, Christoph (1999): *Das lebendige Wesen der Erde. Zum Geographieunterricht der Oberstufe.* Verlag Freies Geistesleben. Stuttgart.

Haeckel, Ernst (1901): *Aus Insulinde. Malaiische Reisebriefe.* Verlag von Emil Strauss in Bonn.

Heeger, Thomas (1998): *Quallen.* Wissenschaftliche Verlagsgesellschaft. Stuttgart.

Howard, A. (1945): *Farming and Gardening for Health and Disease.* Faber and Faber. London. journeytoforever.org/farm_library/howardSH/SHtoc.html (accessed October 29, 2019).

Kegel, Bernhard (2015): *Die Herrscher der Welt. Wie Mikroben unser Leben bestimen.* DuMont Buchverlag. Köln.

Kelly, Kevin (1989): *Der Heimatplanet.* Zweitausendeins. Frankfurt.

Kopernikus, Nikolaus (1543): *De Revolutionibus Orbium Coelestium.* Bd. 1, Kap. 10, Johannes Peter, Nürnberg.

Krumbein, Wolfgang, E., Levit, G. (1997): Die Erde – ein Lebewesen. In: *Einblicke*, Nr. 25, Forschungsmagazin der Carl von Ossietzky Universität Oldenburg, April 1997.

Lesch, Harald (2013): Unter dem Diktat der Physik. In: Storch, Volker, Welsch, Ulrich, Wink, Michael: *Evolutionsbiologie.* Springer Verlag. Berlin/Heidelberg.

Leifheit, E. F., Veresoglou, S. D., Lehmann, A., Morris, K. E., Rilling, M. C. (2014): Multiple factors influence the role of arbuscular mycorrhizal fungi in soil aggregation – a meta analysis. In: *Plant and Soil 374*, S. 523-537.

Linnemann, Ulf, Hofmann, Mandy (2015): Die Wiege des Lebens, Präkambrium. In: Rothe, P., Storch, V., von See, C. (Hrsg.): *Lebensspuren im Stein. Ausflüge in die Erdgeschichte Mitteleuropas*. Wiley-VCH Verlag. Weinheim.

Lovelock, James (1992): *Gaia. Die Erde ist ein Lebewesen*. Scherz Verlag. Bern/München/Wien.

Lovelock, James (1993): *Das Gaia-Prinzip. Die Biographie unseres Planeten*. Nomos Verlagsgesellschaft. Frankfurt am Main/Leipzig.

Mäder, Paul, Krause, Hans-Martin, Fliessbach, Andreas (2019): Ein Solitär wird 40. In: *Ökologie & Landbau*, 04/2019.

Marek, E., Buzatto, B. A., Shear, W. A., Means, J. C., Harvey, M. S., Rodriguez, J. (2021): The first true millipede – 1306 legs long. In: *Nature. Scientific Reports 11*, 16.12.2021, Article number: 23126 (2021).

Margulis, Lynn (2017): *Der symbiotische Planet*. Westend Verlag. Frankfurt am Main.

Martinéz-García, L. B., De Deyn, G. B., Pugnaire, F. I., Kothamasi, D., van dẻ Heijden, M. G. (2017): Symbiotic soil fungi enhance ecosystem resilience to climate change. In: *Global Change Biology 23*, S. 228-236.

Matthes, Harald (2022): Mikrobiota. In: Matthes, Harald, Schad, Friedemann, Hofheinz, Ralf-Dieter: *Integrative Onkologie. Ein Beratungsmanual für Ärzte und Apotheker*. Wissenschaftliche Verlagsgesellschaft. Stuttgart.

Mölling, Karin (2015): *Supermacht des Lebens. Reisen in die erstaunliche Welt der Viren*. Verlag C. H. Beck. München.

Pflug, Hans (1984): *Die Spur des Lebens. Paläontologie – chemisch betrachtet. Evolution – Katastrophen – Neubeginn*. Springer Verlag. Berlin/Heidelberg.

Pflug, Hans (2004): *Umweltgeschichte der Erde*. Aachen. Shaker Verlag. Berlin/Heidelberg/New York.

Purnell, Beverly, A. (2012): Forcefull thinking. In: *Science 338*. S. 209.

Ritter, Christiane (1938): *Eine Frau erlebt die Polarnacht*. Verlag Ullstein. Frankfurt am Main/Berlin.

Rosslenbroich, Bernd (2014): *On the Origin of Autonomy. A New Look at the Major Transitions in Evolution*. Springer Dordrecht. Heidelberg/New York/London.

Rosslenbroich, Bernd (2018): Eigenschaften des Lebendigen – Schritte zu einem eigenständigen Begriff des Organismus. In: Ebersbach, René, Heusser, Peter, Weinzirl, Johannes (Hrsg.): *Was ist Leben? Aktuelles zur Wirkursache und Erkenntnis des Lebendigen*. Wittener Kolloquium Humanismus, Medizin und Philosophie, Band 5, Würzburg, S. 13-54.

Rosslenbroich, Bernd (2018b): *Entwurf einer Biologie der Freiheit. Die Frage der Autonomie in der Evolution*. Verlag Freies Geistesleben. Stuttgart.

Rothe, Peter (2002): *War der Ozean schon immer salzig? Phänomene der Erdgeschichte.* Wissenschaftliche Buchgesellschaft. Darmstadt.

Scarpulla, Lieta (2015): *Gaia oder die beste aller möglichen Welten. Reflexionen über die Erde.* Wissenschaftliche Masterarbeit. Freie Hochschule Stuttgart.

Schad, Albrecht (1998): Der mitteleuropäische Jahreslauf – eine geographische Betrachtung. In: *Tycho de Brahe Jahrbuch*, S. 98-128.

Schad, Albrecht (2012): The Marsupials (Metatheria). In: Schad, Wolfgang: *Threefoldness in Humans and Mammals. Towards a Biology of Form.* Adonis Press. Vol. 2.

Schad, Albrecht (2017): Auf der Suche nach dem Herz des Kosmos. In: Hutter, W. Preuß, A., Schad, A. (Hrsg.): *Astronomie. Aktuelle Perspektiven zur Himmelskunde und Kosmologie.* Schneider Verlag. Baltmannsweiler.

Schad, Albrecht (2019): Der Geographieunterricht an Waldorfschulen. und sein Verhältnis zur modernen Wissenschaft. In: Hüttig, Albrecht (Hrsg.): *Wissenschaften im Wandel. Zum Oberstufenunterricht an Waldorfschulen.* Berliner Wissenschaftsverlag, S. 149-184.

Schad, Wolfgang (1971, 2012): *Säugetiere und Mensch. Ihre Gestaltbiologie in Raum und Zeit.* 2 Bde. Verlag Freies Geistesleben. Stuttgart.

Schad, Wolfgang (1982): *Die Vorgeburtlichkeit des Menschen. Der Entwicklungsgedanke in der Embryologie.* Verlag Urachhaus. Stuttgart.

Schad, Wolfgang (2023): *Vom Geist der Erde. Unsere Welt als lebendiges Wesen.* Rosenkreuz Verlag. Bad Münder.

Sheldrake, Merlin (2020): *Verwobenes Leben. Wie Pilze unsere Welt formen und unsere Zukunft beeinflussen.* Ullstein Verlag. Berlin.

Scherer, Bernd (2020): Leben im Anthropozän. Die Pandemie ist kein Überfall von Außerirdischen. In: *Frankfurter Allgemeine Zeitung*, 3.5.2020.

Schlüter, Martin (1997): Taten und Leiden der Erde. In: *Die Drei*, Heft 1/1997. Stuttgart.

Schmitt, Stefan (2022): Was schrieb die Ostsee in ihr Tagebuch? In: *DIE ZEIT*, 28.7.2022, S. 29.

Seyfried, Hartmut (2005): Ein Planet organisiert sich selbst. In: *Wechselwirkungen, Jahrbuch aus Lehre und Forschung der Universität Stuttgart.* S. 71-105.

Sha, Sonia (2020): Woher kommt das Corona Virus? Atlas der Globalisierung. https://atlas-der-globalisierung.de/woher-kommt-das-coronavirus/

Siever, Raymond (1987): *Die Dynamik der Erde. Bewegungen, Strukturen, Wechselwirkungen.* Spektrum der Wissenschaft. Heidelberg.

Simard, S., Perry, D. A., Jones, M. D., Myrold, M. D., Durall, M. D., Molina, R. (1997): Net transfer of carbon between ectomycorrhizal tree species in the field. In: *Nature 388.* S. 579-582.

Simard, S. (2018): Mycorrhizal Networks Facilitate Tree Communication, Learning and Memory. In: *Memory and Learning in Plants.* Hrsg. von Balusca, F., Gagliano, M., Witzany, G., Springer International Published, S. 191-213.

Storch, Volker, Welsch, Ulrich, Wink, Michael (2013): *Evolutionsbiologie.* Springer Verlag. Berlin/Heidelberg.

Storch, Volker (2014): Die Entstehung des Lebens auf der Erde. In: *Lebensspuren im Stein. Ausflüge in die Erdgeschichte Mitteleuropas.* Hrsg. von Rothe, Peter, Storch, Volker, von See, Claudia. Wiley-VCH Verlag. Weinheim.

Strobel, Jacob y Serra (2021): Die hausgemachte Selbstzerstörung. Interview mit Felix Prinz zu Löwenstein. In: *Frankfurter Allgemeine Zeitung*, 31.7.2021, S. 12.

Suchantke, Andreas (1993): *Partnerschaft mit der Natur. Entscheidung für das kommende Jahrtausend.* Verlag Urachhaus. Stuttgart.

Tress, Karl (2016): *Mein Leben mit der biologisch-dynamischen Landwirtschaft.* Wiedemann Verlag. Münsingen.

Vahle, Hans-Christoph (1991): Die Idee der Kulturlandschaft am Beispiel Nordwestdeutschlands. In: *Die Drei 61*, H. 7/8, S. 581-612.

Vahle, Hans-Christoph (2007): *Die Pflanzendecke unserer Landschaften. Eine Vegetationskunde.* Verlag Freies Geistesleben. Stuttgart.

Vreeland, R. H., Rosenzweig, W. D., Powers, D. W. (2000): Isolation of a 250 million-year old bacterium from a primary salt crystal. In: *Nature 407*, S. 897-900.

Wallace, R. (2016): *Big farms Make Big Flu: Dispatches on Influenza, Agribusiness, and the Nature of Science.* New York. Monthly Review Press.

Wegener, Alfred (1915): *Die Entstehung der Kontinente und Ozeane.* Verlag Vieweg & Sohn. Braunschweig.

Wegener, Alfred (1930): *Mit Motorboot und Schlitten in Grönland.* Velhagen & Klasing. Bielefeld.

Wetzel, Jürgen (Hrsg.) (1990): *Seydlitz. Erdkunde für Gymnasien 8.* Schroedel Verlag. Braunschweig.

Weiss, P. A. (1970): Das Lebende System. Ein Beispiel für den Schichtendeterminismus. In: Koestler, A., Smythies, J. R. (Hrsg.): *Das neue Menschenbild. Die Revolutionierung der Wissenschaften vom Leben. Ein Internationales Symposium.* Molden Verlag. Wien/Zürich.

Wilson, Edward O. (2016): *Die Hälfte der Erde. Ein Planet kämpft um sein Leben.* C. H. Beck Verlag. München.

Zaller, Johann G. (2018): *Unser täglich Gift. Pestizide – die unterschätzte Gefahr.* Deuticke Verlag. Wien.

Bildnachweis

Abb. 1-3, 8-10, 12, 13, 19, 20, 22-25, 29, 31, 35. 36, 39, 40, 46-56, 65, 67, 69-78, 81, 82 und Frontispiz: Fotos Albrecht Schad

Abb. 4: Foto Harrison Schmitt, NASA/Apollo 17, 7.12.1972 (https://www.nasa.gov/multimedia/imagegallery/image_feature_329.html

Abb. 5: Wikipedia (File: Detail from a map of Ortelius – Magellan's ship Victoria.png)

Abb. 6: Wikipedia (Semyorka Rocket R7 by Sergei Korolyov in VDNH Ostankino RAF0540 – Juri Alexejewitsch Gagarin)

Abb. 7: https://www.spektrum.de/alias/bildergalerie/das-und-raquo-neue-und-laquo-planetensystem/847782

Abb. 11: Wikipedia (http://www.esa.int/spaceinimages/Images/2007/02/True-colour_image_of_Mars_seen_by_OSIRIS)

Abb. 14: https://www.scinexx.de/dossierartikel/verraeterisches-leuchten/

Abb. 15, 16: aus Wolfgang Schad, *Die Vorgeburtlichkeit des Menschen*. Verlag Urachhaus, Stuttgart 1982, S. 40.

Abb. 17: Zeichnung nach Lynn Margulis, *Der symbiotische Planet*. Westendverlag, Frankfurt am Main, S. 74, und Karin Mölling, *Supermacht des Lebens*, Springer Verlag, Berlin/Heidelberg/New York 2015, 179.

Abb. 18: Wikipedia (NOAA – http://oceanexplorer.noaa.gov/explorations/04fire/logs/hirez/champagne_vent_hirez.jpg

Abb. 21: Foto Çağla Köhserli (Getty Images/iStockphoto)

Abb. 26: Foto U. Goldbeck

Abb. 27: Foto Daniel Eisenstein und SDSS-III

Abb. 28: http://www.eso.org/public/images/eso1339e/

Abb. 30: Wikipedia, Blacksmoker in Atlantic Ocean – Raucher (Hydrothermie) – Foto: P. Rona, OAR/National Undersea Research Program (NURP); NOAA

Abb. 32: Wikipedia (Temp-phanerozoic combined-de – Datei:Temp-phanerozoic combined-de.svg – Wikipedia)

Abb. 33: aus Harald Falck-Ytter, *Das Polarlicht*, Verlag Freies Geistesleben, Stuttgart ^{4}2018, S. 75.

Abb. 34: aus Harald Falck-Ytter, *Das Polarlicht*, Verlag Freies Geistesleben, Stuttgart ^{4}2018, S. 88.

Abb. 38: aus Wolfgang Schad, *Säugetiere und Mensch*. 1. Auflage. Verlag Freies Geistesleben. Stuttgart 1972, S. 21.

Abb. 41: Foto Lothar Schiffler (lothar-schiffler.de/iskiographie)

Abb. 42: Foto Lothar Schiffler (lothar-schiffler.de/iskiographie)

Abb. 43: Wikipedia, ISS12-E-10097.jpg

Abb. 44: www.spektrum.de

Abb. 45: Wikipedia, Aufnahme des Hubble-Weltraumteleskops (http://www.spacetelescope.org/images/opo0328a/ ([cdn.spacetelescope.org/archives/images/screen/opo0328a.jpg direct link])

Abb. 57: aus *Terra, Erdkunde 5*

Abb. 58: aus R. A. Bryson et al., *Climates of North America, World Survey of Climatology*, Vol. II, S. 6-17, Elsevier Scientific Publishing Company, Amsterdam/London/New York 1974.

Abb. 59: aus H.-U. Bender et al., *Fundamente. Geografisches Grundbuch für die Sekundarstufe II,* 1993, S. 362.

Abb. 60: Physikalische Weltkarte (Mercator Projektion), Detail, © Stefan Fischerländer / Mapswire.com

Abb. 61: aus *Diercke Weltatlas* 2020, S. 246.

Abb. 63: European Control

Abb. 64: Foto von Evans Baudin (The grand prize winner of Scuba Diving Magazine's 2020)

Abb. 66: aus E. Marek et al., The true millipede – 1306 legs long, in: *Nature. Scientific Reports,* Dec. 2021, Article number 23126

Abb. 68: aus Thomas Heeger, *Quallen*, Wissenschaftliche Verlagsgesellschaft, Stuttgart 1998, S. 176f.

Abb. 79: aus Hans-Christoph Vahle, Die Idee der Kulturlandschaft am Beispiel Nordwestdeutschlands, in: *Die Drei* 7-8/1991, S. 581 ff.

Abb. 80: aus Andreas Suchantke, *Partnerschaft mit der Natur*, Verlag Urachhaus, Stuttgart 1993, S. 119f.

Abb. 83: Geologische Tabelle aus: Storch, Volker, Welsch, Ulrich, Wink, Michael (2013): *Evolutionsbiologie*. Springer Spektrum

Abb. 84: Geologische Zeitskala nach: Grotzinger, J., Jordan, T., *Allgemeine Geologie*. Springer Spektrum

Abb. 82: Namib-Zwergpuffotter (*Bitis peringueyi*), Namib bei Swakopmund, April 2023

Danksagung

Bedanken möchte ich mich
bei Dr. Susanna Kümmell für die Gespräche, den fachlichen Austausch und die konstruktive Kritik am Manuskript,
bei Prof. Dr. Volker Storch für die Durchsicht des Manuskripts und seine wertvollen Hinweise,
bei Jürgen Schweiß-Ertl von der Mahle-Stiftung für die aufmunternde Förderung des Buches,
bei Henning Kullak-Ublick für seine tragende Unterstützung.

Über den Autor

Albrecht Schad, Prof. Dr. rer. nat., geboren 1963 in Pforzheim, studierte Biologie und Geografie in Heidelberg und unterrichtet Biologie, Geografie und Chemie an der Freien Waldorfschule Uhlandshöhe, Stuttgart. Er ist Professor für Didaktik der Naturwissenschaften an der Freien Hochschule Stuttgart und unternimmt zahlreiche Forschungsreisen in viele Länder der Erde, vor allem nach Australien und Afrika.

Evolution als Verständnisprinzip
in Kosmos, Mensch und Natur.
Herausgegeben von Wolfgang Schad.
Mit Beiträgen von Ruth und Jörg Ewertowski, Manfred Krüger, Wolfgang Schad, Jost Schieren, Thomas Schmidt und Arnold Suckau
160 Seiten, kartoniert

Die Antike entdeckte die Weltordnung als eine wohlgeordnete Harmonie des Ganzen und nannte sie *Kosmos* = Schönheit. Der Geist der Griechen fand die unwandelbaren Gesetze der Geometrie und Mathematik und erfreute sich daran. Mit dem Beginn der Neuzeit aber begann das erwachende naturwissenschaftliche Bewusstsein diese kosmische Geborgenheit abzustreifen, indem es immer mehr die Unvollendetheit der Welt entdeckte. Dieser historisch oftmals turbulente Prozess schenkte dem modernen Menschen dafür ein völlig neues Welt- und Selbstverständnis. Alles Unvollendete enthält gerade in seiner Unvollendetheit die Keime der Weiterentwicklung. Das Sein der Welt entpuppte sich als das Werden der Welt. Das Evolutionsverständnis erwachte und macht die Moderne aus.

Abb. 83:
(mit Begir

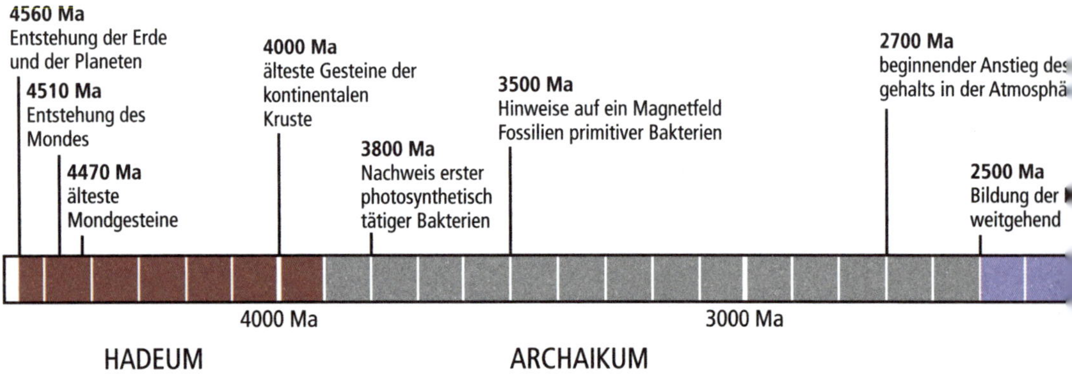

Abb. 84: Geologische Zeitskala (gesamtes Erdalter). Ma = Millionen Jahre (Aus: Grotzinger, J., Jordan, T., *Allgemeine Geologie*. S